Union Centrale des Arts Décoratifs

+++++++++

8ᵉ Exposition

1884

La Pierre

Catalogue

Le Bois

Paris
Imprimeries Réunies C
Rue du Four, 54 bis

La Terre

Le Verre

Union Centrale

des

Arts Décoratifs

L'Exposition est ouverte tous les jours

de 10 heures à 5 heures.

Le dimanche, le prix d'entrée est

de 50 centimes.

Le vendredi, l'entrée est fixée à 2 francs.

Les autres jours de la semaine,

1 franc.

La Pierre, le Bois (Construction)
la Terre et le Verre

Union Centrale

des

Arts Décoratifs

CATALOGUE

DES ŒUVRES ET DES PRODUITS MODERNES

Exposés au Palais de l'Industrie

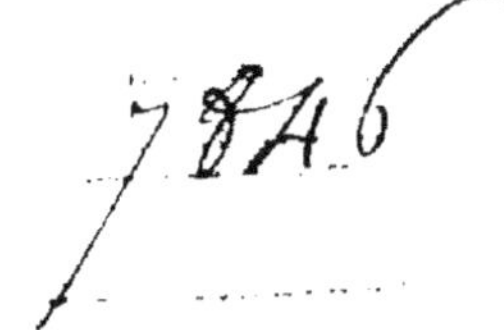

Paris

Imprimeries réunies, Motteroz, directeur

54 bis, rue du Four, 54 bis

1884

TABLE DES MATIÈRES

EXPLICATION DES ABRÉVIATIONS

C. ✪. — Commandeur de la Légion d'honneur.

O. ✪. — Officier — —

✪. — Chevalier — —

P. H. — Prix d'honneur.

P. M. — Price médal.

M. P. — Médaille de progrès.

M. de M. — Médaille de mérite.

M. O. — Médaille d'or.

G. D. — Grand diplôme.

M. A. — Médaille d'argent.

M. B. — Médaille de bronze.

M. H. — Mention honorable.

R. M. — Rappel de médaille ou mention.

E. U. — Exposition universelle.

U. C. — Union centrale.

H. C. — Hors concours.

UNION CENTRALE

DES

ARTS DÉCORATIFS

Reconnue d'utilité publique par décret du 15 mai 1882

EXTRAIT DES STATUTS DE LA SOCIÉTÉ

TITRE PREMIER

But de la Société. — Apport des Sociétés fondatrices.

ARTICLE PREMIER

La Société de l'Union centrale des Arts décoratifs a pour but d'entretenir et de développer en France la culture des arts qui poursuivent la réalisation du beau dans l'utile.

Les moyens qu'elle emploie sont :

1° Recevoir, augmenter et tenir à la disposition des travailleurs les collections d'objets d'art anciens et modernes, et une bibliothèque ;

2° Créer et entretenir des cours spéciaux, des lectures et des conférences publiques ; fonder une suite de publications concernant les arts décoratifs et les arts appliqués à l'industrie ;

3° Organiser des concours entre les artistes et les industriels français et entre les diverses écoles de dessin et de sculpture de Paris et des départements ;

4° Organiser des Expositions temporaires ou permanentes,

nationales ou internationales, d'art décoratif et d'industries d'art ;

5° Répandre l'enseignement du dessin ;

6° Entretenir un Musée central d'Art décoratif.

Elle a son siège à Paris, place des Vosges, 3.

Art. 2

Elle est fondée par :

1° La Société de l'Union centrale des beaux-arts appliqués à l'industrie ;

2° Par la Société du Musée des Arts décoratifs.

Elle est constituée :

1° Par l'abandon qu'ont fait un grand nombre d'actionnaires de la Société de l'Union centrale, de la quote-part leur revenant dans la liquidation de la Société ;

2° Par l'abandon fait par la Société du Musée des Arts décoratifs, de son actif, net de tout passif, composé de : son Musée, ses collections, son matériel, dont l'inventaire est ci-annexé, et e solde en espèces de ses souscriptions.

TITRE II

Admission et droits des membres de la Société

Art. 3

Les actionnaires actuels de l'Union centrale, qui ont fait don de leur quote-part dans la liquidation, et les membres fondateurs et donateurs de la Société du Musée des Arts décoratifs, sont de droit membres de la Société nouvelle de l'Union centrale des Arts décoratifs. Ils sont inscrits à perpétuité comme membres fondateurs. Ils ont droit à l'entrée gratuite à toutes les Expositions et au Musée, et sont dispensés de la cotisation annuelle.

Art. 4

Pour devenir membre de la Société, il faut être présenté par un membre et reçu par le Conseil d'administration.

Les étrangers peuvent être admis comme souscripteurs.

Art. 5

Les membres admis dans les trois derniers mois de l'année
ne jouissent des droits de sociétaires qu'à partir du 1er janvier de l'année suivante, à moins d'avoir payé la souscription
de l'année courante.

Art. 6

Les membres sociétaires nouveaux s'engagent à payer une
cotisation annuelle de trente francs ; ils ont droit à une entrée
gratuite à toutes les Expositions de la Société.

Ils cessent d'être membres sociétaires s'ils ne renouvellent
pas leur cotisation chaque année. Ils peuvent néanmoins être
réadmis en suivant la marche ordinaire.

Art. 7

Les membres nouveaux peuvent devenir *membres perpétuels*
en versant une somme de mille francs. Leurs noms seront
inscrits à perpétuité dans la liste des membres de la Société ;
ils ont droit à une entrée gratuite à toutes les Expositions de
la Société ; ils ont la faculté de transmettre leurs droits de
membre de la Société à celui de leurs héritiers qui remplirait
les conditions nécessaires pour être éligible.

Art. 8

Ils pourront devenir *membres à vie* en versant une somme
de cinq cents francs.

Leurs noms figurent, leur vie durant, dans la liste des membres de la Société ; ils ont droit à une entrée gratuite à
toutes les Expositions de la Société.

Les membres perpétuels et les membres à vie sont dispensés de la cotisation annuelle.

. . . .

1.

Conseil d'Administration :

MM. ANDRÉ (Édouard), *président d'honneur.*
PROUST (Antonin), député, *président.*
BOUILHET (Henri), *premier vice-président.*
GANAY (Comte de),
LOUVRIER de LAJOLAIS, } *vice-présidents.*
CHRISTOFLE (Paul.),
CHAMPEAUX (de), } *secrétaires.*
LEFÉBURE (Ernest),
GRADOS (Léon), *trésorier.*

Membres du Conseil :

MM.
BAPST (Germain).
BÉCHARD (Alphonse).
BERGER (Georges).
BIAIS (Théodore).
BIENCOURT (Marquis de).
BOCHER (Emmanuel).
BOUCHERON.
BRAQUENIÉ.
CHENNEVIÈRES (Marquis Ph. de).
CHOCQUEEL (Louis).
COHEN (Isaac-Joseph).
CORROYER (Édouard).
CRÉPINET.
DALLOZ (Paul).
DELAMARRE-DIDOT.
DREYFUS (Gustave).
DUPLAN.
DUPONT-AUBERVILLE.
ÉPHRUSSI (Charles).
FALIZE (Lucien).
FIRMIN-DIDOT (Alfred).

MM.
FOULD (Léon).
FOURDINOIS.
GÉRARD (Baron).
GOUPIL (Albert).
JUMELLE (Alfred).
LAFENESTRE (Georges)
LIESVILLE (de).
LIOUVILLE (Albert).
MANNHEIM (Charles).
MANTZ (Paul).
MARIENVAL (Louis).
ROTHSCHILD (Baron Gustave de).
ROUSSEAU (Eugène).
SABRAN (Duc de).
SALVERTE (De).
SCHLUMBERGER (Gustave).
SERVANT (Georges).
TAIGNY (Edmond).
TURQUETIL (Jules).
VOGUÉ (Marquis de).
WEBER (Camille).

COMMISSIONS PERMANENTES

Commission des Finances :

MM.
CHRISTOFLE (Paul), *président.*
JUMELLE (Alfred), *secrétaire.*
GRADOS (Léon), *trésorier.*
BIENCOURT (Marquis de).
FOULD (Léon).
LIOUVILLE (Albert).

MM.
MARIENVAL (Louis).
ROTHSCHILD (Baron Gustave de).
SALVERTE (de).
TURQUETIL (Jules).
WEBER (Camille).

Commission du Musée :

MM.
GANAY (Comte de), *président.*
CHAMPEAUX (de), *secrétaire.*
BAPST (Germain).
BERGER (Georges).
BOUILHET (Henri).
BRAQUENIÉ.
CHENNEVIÈRES (Marquis de).
CORROYER (Édouard).
DREYFUS (Gustave).
ÉPHRUSSI (Charles).

MM.
FALIZE (Lucien).
LAFENESTRE (Georges).
LEFÉBURE (Ernest).
LIESVILLE (de).
LOUVRIER de LAJOLAIS.
ROUSSEAU (Eugène).
SCHLUMBERGER (Gustave).
TAIGNY (Edmond).
VOGUÉ (Marquis de).

Conseil judiciaire :

MM.
CHAIX D'EST-ANGE (Gustave), *avocat.*
CHAMPETIER de RIBES (Auguste), *avocat.*

MM.
CHAMPETIER de RIBES (Jules), *avoué.*
SEGOND, *notaire.*

CLASSIFICATION DE L'EXPOSITION DE 1884

LA PIERRE, LE BOIS (Construction)
LA TERRE ET LE VERRE

1er Groupe : LA PIERRE

1re Section : **LA PIERRE NATURELLE**

CLASSE PREMIÈRE. — *Matières premières* : Échantillons de pierre calcaire, de marbre, de granit, d'albâtre, etc., à l'état brut, scié, taillé, tourné et poli. — *Outils et procédés.*

CLASSE 2. — *Pierre naturelle* : Calcaire, marbre, granit, albâtre, etc., employés dans la construction architecturale pour l'ornementation et la *décoration fixe* de l'habitation, tels que : colonnes, pilastres, etc., avec leurs bases et leurs chapiteaux moulurés ou sculptés; toute ordonnance architectonique; péristyles, colonnades, portiques, vestibules, portes et fenêtres avec leurs chambranles et leurs couronnements; cheminées, frontons, monuments funèbres : simplement moulurés ou moulurés et ornés de sculptures en ronde bosse, bas-reliefs, etc.

Revêtements des murs et pavements en pierre dure, en marbre ou en mosaïque formée de pierres de toute nature (à l'exception des matières vitrifiées).

CLASSE 3. — *Pierre naturelle de même nature* employée pour l'ornementation et la *décoration mobile* de l'habitation, à savoir : statues, groupes, bas-reliefs, bustes, etc., vases, bassins et vasques, piédestaux, fûts, socles et pendules, etc., simplement moulurés ou moulurés et ornés de sculptures en ronde bosse, en bas-reliefs, etc.

2ᵉ Section : LA PIERRE ARTIFICIELLE

CLASSE 4. — *Matières premières :* Échantillons de ciment, de chaux, de plâtres et stucs, etc. — *Outils et procédés.*

CLASSE 5. — *Pierre artificielle,* formée de toutes matières plastiques *non cuites* (1), ciment, chaux et composés divers, modelées, moulées, stéarinées, peintes, métallisées, etc., employée dans la construction architecturale pour l'ornementation et la *décoration fixe* de l'habitation, à savoir : enduits de toutes natures, moulures, cadres, ornements ou motifs d'ornements en carton-pierre ou en carton-pâte, en ronde bosse ou en applique, etc., et, en résumé, — tous travaux décoratifs dans lesquels la pierre artificielle peut remplacer ou simuler la pierre naturelle.

CLASSE 6. — *Pierre artificielle,* de même nature, employée pour l'ornementation et la *décoration mobile* de l'habitation, à savoir : statues, groupes, bas-reliefs, bustes, vases, etc., objets dits de piété, ayant un caractère d'art décoratif, etc., etc.

3ᵉ Section : LA PIERRE PRÉCIEUSE ET GEMME

CLASSE 7. — *Matières premières :* Échantillons de pierres et de gemmes de toute nature ayant reçu une forme d'art, à savoir : camées, intailles, diamants et cristaux de roches taillés, etc., etc.

4ᵉ Section : DESSINS ET MODÈLES

CLASSE 8. — *Projets d'architecture :* Photographies de monuments anciens et modernes, d'édifices, de sculptures et de motifs d'ornements, épures, réductions d'édifices, stéréotomie,

---

(1) Cuites à l'état de matières premières, mais *non cuites* dans leurs formes définitives.

traités et ouvrages d'art, enseignement par la gravure et le livre, bibliographie de l'art de la pierre, modèles pour la taille des gemmes.

2ᵉ Groupe : LE BOIS (Construction)

1ʳᵉ Section : **BOIS NATUREL**

CLASSE 9. — *Matières premières :* Échantillons d'essences forestières indigènes et exotiques. Bois d'œuvre de construction. Échantillons de bois de sciage, de placage. Matières colorantes. Laques et vernis.

Outils et procédés : Outillage, machines servant au travail préparatoire des bois, machines à scier, à raboter, à mortaiser, à percer, découper, chantourner, machines à faire les moulures, les baguettes; machines à faire les feuilles de parquet, etc.

CLASSE 10. — *Charpente :* Planchers à solives apparentes, escaliers, combles, flèches, pièces de construction moulurées, sculptées, etc.

CLASSE 11. — *Menuiserie :* Portes, fenêtres, lambris, devantures, parquets simples et à compartiments, etc.

CLASSE 12. — *Sculpture :* Application de la sculpture sur bois à la décoration fixe de l'habitation.

CLASSE 13. — *Constructions rustiques :* chalets, kiosques, bois découpés, treillages, stores en bois, etc.

CLASSE 14. — *Carrosserie :* Voitures de luxe, d'apparat, traîneaux, wagons et mobilier de wagons de luxe.

CLASSE 15. — *Navigation :* décorations diverses d'extérieurs de navires, canots et embarcations, navigation de plaisance.

2ᵉ Section : **BOIS PEINTS, LAQUES ET VERNIS**

CLASSE 16. — Objets de décoration en imitation du bois, carton-pâte, intérieurs d'appartement, papier mâché, cadres, panneaux, etc.

CLASSE 17. — Imitation du bois par la peinture.

Classe 18. — Objets divers en laque de Chine, du Japon et de France, etc., Panneaux décoratifs se rattachant à l'ornementation mobile de l'habitation.

3e Section : DESSINS ET MODÈLES

Classe 19. — *Projets d'architecture :* Épures, réductions d'édifices, enseignement par les traités et ouvrages d'art et de critique, livres et images, bibliographie du bois et de la construction en bois. Photographies de sculptures, groupes, bas-reliefs, meubles et sculptures sur bois.

3e Groupe : LA TERRE ET LE VERRE

1re Section : CÉRAMIQUE

Classe 21. — *Matières premières et couleurs; Outils et procédés.*

Classe 22. — *Porcelaine, faïence, grès, terres diverses.*

Architecture : Revêtements et pavements. Appareils de chauffage.

Objets d'art et pièces décoratives. Services de table. Pièces à usage domestique. Poteries diverses. Boutons. Perles, fleurs, etc.

Classe 23. — *Terre cuite :* Architecture, revêtements, carreaux décorés par émail, incrustations, reliefs, etc. Tuiles et briques décorées.

Pièces d'ameublements. Objets d'art et pièces décoratives.

2e Section : VERRERIE ET CRISTALLERIE

Classe 24. — *Matières premières et couleurs; Outils et procédés.*

Classe 25. — *Gobeleterie blanche et de couleur.*

A. — Pièces décorées par l'émail, la dorure, la peinture, la taille, la gravure, l'impression, etc. Verre filé, verroterie, perles, imitations de pierres précieuses.

B. — Glaces, miroirs, cadres.

C. — Lustrerie.

CLASSE 26. — *Vitraux de monuments et d'appartements :*
Vitres en cives. Vitres mises en plomb. Vitres de couleur ou
peintes.

3e Section : ÉMAUX

CLASSE 27. — *Matières premières et couleurs.*

CLASSE 28. — *Émaux :* champlevés, cloisonnés, peints.

CLASSE 29. — *Émaillerie :* Laves émaillées. Fontes et métaux
émaillés.

4e Section   MOSAIQUE

CLASSE 30. — *Matières premières et couleurs.*

CLASSE 31. — Mosaïques de revêtement, pavements.

CLASSE 32. — Bijoux et mosaïque dite portative.

5e Section : DESSINS ET MODÈLES

CLASSE 33. — Cartons et modèles pour la céramique, la
verrerie, les émaux, la mosaïque.

Traités et ouvrages d'art. Bibliographie des Arts du feu.
Enseignement par le livre et la gravure.

6e Section

CLASSE 34. — *Application de la photographie :* Porcelaines,
faïences, vitraux, émaux et laves décorés par procédés
photographiques.

Verres gravés, épreuves transparentes et stéréoscopiques.
Épreuves pour projections.

Section des Artistes

Des salles sont réservées pour l'exposition gratuite des
cartons, modèles et maquettes présentés par les artistes dans
chacune des divisions.

Toutefois, les artistes sont admis à exposer dans les mêmes
salles les *œuvres exécutées par eux.*

Les ouvrages présentés dans la section des artistes sont

soumis à un jury d'admission nommé par le Conseil d'administration de l'Union centrale des Arts décoratifs, et qui est chargé d'organiser le placement.

Le Président de l'Exposition,

Henri BOUILHET.

Le Secrétaire du Comité de direction,

L. FALIZE.

Le Président de l'Union centrale,

Antonin PROUST.

CONCOURS SPECIAUX

Comme en 1880, pour les arts du Métal, et en 1882 pour les arts du Bois, des Tissus et du Papier, l'*Union centrale* a ouvert des concours spéciaux tout à fait indépendants de l'Exposition proprement dite. Ils sont consacrés aux industries qui mettent en œuvre la *Pierre*, le *Bois* (construction), la *Terre* et le *Verre*.

PROGRAMME DES CONCOURS

1er Groupe : LA PIERRE

CONCOURS PREMIER. — *Pierre naturelle :* Une cheminée monumentale destinée à une bibliothèque, pierre ou marbre, avec sculpture ou mouluration (modèle facultatif, pour les concours d'artistes, au 1/10 de l'exécution, sauf pour les sculptures et moulurations qui seront de grandeur d'exécution.

CONCOURS 2. — *Pierre naturelle et artificielle :* Un départ d'escalier, pilastre, piédestal et balustrade rampante (l'inclinaison étant de 0$^\text{m}$,35 par mètre.)

CONCOURS 3. — *Pierre naturelle ou artificielle :* Modèle de lucarne appareillée formant le motif milieu de la façade d'un édifice (modèle au 1/4 de l'exécution).

CONCOURS 4. — *Mosaïque :* Un panneau palier en mosaïque

romaine ou florentine, pour le vestibule d'entrée d'un musée d'art décoratif (dimensions : 1ᵐ×1ᵐ,75).

CONCOURS 5. — *Gemmes et pierres précieuses, Lapidairerie :* Vase, coupe ou plateau en pierre dure façonnée à la meule ou au tour. (Chercher par la forme à mettre en valeur les beautés de la pierre.)

CONCOURS 6. — *Gravure :* Pierre dure gravée en creux pour bague. Emblème ou sujet symbolique propre à servir de sceau. (Joindre à la pierre une épreuve en cire.)

CONCOURS 6 *bis*. — *Camée :* Un camée de 4 centimètres de hauteur ayant une tête pour sujet.

Nota. Pour les classes 2 et 4, les dessins présentés doivent être au 1/5.

2ᵉ GROUPE : LE BOIS (Construction)

CONCOURS 7. — *Charpente :* Un clocher d'hôtel de ville, de 8 mètres tout compris, au-dessus du faîtage du monument (modèle au 1/10 d'exécution).

CONCOURS 8. — *Charpente :* Une treille en charpente, se composant de points d'appui moulurés et de traverses, destinée à former une salle de verdure sur une terrasse (modèle au 1/4 de l'exécution).

CONCOURS 9. — *Menuiserie :* Une porte à un vantail avec son chambranle (grandeur d'exécution). L'un des parements sera à grands cadres, l'autre à glace. Le panneau du haut pourra être à jour.

CONCOURS 10. — *Sculpture sur bois :* Boîte aux lettres destinée à l'intérieur de la salle principale d'un édifice consacré à un grand service public.

CONCOURS 11. — *Voitures :* Voitures d'enfant. (Rechercher l'élégance de la forme.)

CONCOURS 11 *bis*. — *Carrosserie.* Une caisse de coupé à deux places de 115 centimètres de longueur prise à la ceinture en ligne droite, largeur à volonté.

Nota. Les caisses devront être présentées ferrées bandes de caisse et ferrures de portes, mais sans aucune espèce de peinture autre qu'une couche de vernis.

Les exposants auront à fournir deux tréteaux, de façon à présenter leurs caisses à 0ᵐ,50 de terre.

Chaque exposant ne pourra exposer qu'une caisse.

Concours 12. — *Navigation :* Un bateau de plaisance, à avirons. Se préoccuper surtout de la forme et de la décoration (modèle au 1/5 d'exécution).

3ᵉ Groupe : LA TERRE

Concours 13. — *Porcelaine :* Une coupe sur piédouche pour prix de concours agricole (sans couvercle, ni anses, moulée ou tournassée.)

Les garnitures décoratives de métal sont absolument exclues.

Nota. Le choix de la grandeur du modèle est entièrement laissé à l'initiative de l'exposant.

Concours 14. — *Porcelaine :* Un service de table : soupière, compotier, légumier, plat, assiette, etc. (forme et décor).

Concours 15. — *Faïence ou autres terres :* Un service de table (les plats et assiettes ne devront recevoir de décoration que celle du marli).

Concours 16. — *Faïence :* Un poêle.

Concours 17. — *Faïence :* Fontaine à laver les mains, adossée (les eaux venant sans qu'il soit besoin de faire un réservoir apparent).

Concours 18. — *Faïence : A. Artistes.* Projet de décoration murale d'un préau d'école en carreaux de faïence. Sujet d'enseignement : histoire, géographie, sciences, etc. — B. *Industriels.* Carreaux de revêtement pour salle de bains.

Concours 19. — *Grès :* Un vase de jardin.

Concours 20. — *Terre cuite :* Frise ornée servant à la décoration extérieure d'une maison de campagne.

4ᵉ Groupe : LE VERRE

Concours 21. — *Verrerie. :* Service de table, verres, carafes, etc. (sans aucun décor de gravure).

Concours 22. — *Cristallerie :* Service de table en cristal décoré.

Concours 23. — *Cristallerie :* Pièce décorative en crista taillé, faisant partie d'un service de table.

Concours 24. — *Vitraux :* Vitrail coloré pour édifice civil ou pour habitation.

Concours 25. — *Vitraux :* Vitrail en grisaille, pour édifice civil ou pour habitation.

Concours 26. — *Vitraux :* Vitrail pour édifice religieux, coloré ou en grisaille.

Concours 27. — *Émail des peintres :* Figure décorative ou portrait. (Plaque de forme et de dimensions indéterminées.)

Concours 28. — *Émail des orfèvres :* Toute œuvre d'émai champlevé — d'émail cloisonné ou d'émail de basse taille.

Concours 29. — *Mosaïque d'émail :* Panneau décoratif ayant pour motifs les armes de la Ville de Paris, l'écusson ne devant occuper au maximum que le 1/5 de la composition.

Concours 30. — *Mosaïque d'émail :* Encadrement extérieur d'une fenêtre.

Chacun de ces concours aura *deux divisions :* la première (réservée aux artistes) comprendra tous les projets et modèles présentés à l'état de *dessins* ou de *maquettes ;* la deuxième sera spéciale *à l'industrie ;* n'y seront admises que les œuvres exécutées et complètement achevées.

Par exception, les concours 5, 6 et 6 *bis* ne comporteront que des œuvres exécutées, et les divisions A et B du concours 18 auront des sujets de concours différents pour les artistes et les industriels.

L'anonymat pour lés concours industriels ayant été supprimé, les œuvres créées par les industriels en vue de ces concours spéciaux pourront être exposées, *mais sans mention spéciale,* dès le jour d'ouverture de l'Exposition.

On peut concourir dans plusieurs classes et plusieurs divisions, et envoyer, dans l'une de ces classes et divisions, un ou plusieurs objets.

Sont admis à prendre part à ces concours tous les artistes et tous les industriels qui se conformeront au programme ci-dessus, quelles que soient les récompenses déjà obtenues par eux, mais à la condition de n'appartenir ni au jury chargé de l'examen de ces concours, ni au Conseil d'administration de l'Union centrale.

Le but de l'Union centrale étant de provoquer les efforts d'invention chez les artistes et l'habileté d'exécution chez les industriels, nulle pièce ne pourra être présentée au concours si elle a déjà figuré dans une Exposition autre que celle organisée par l'Union centrale et qui donnera lieu à ces concours.

Nul ne pourra prétendre à une récompense parmi les artistes s'il n'est l'auteur du projet présenté par lui ; pourront seuls prendre rang dans le concours de l'industrie ceux qui auront inventé ou exécuté ou fait exécuter sous leur direction les pièces qu'ils présenteront.

L'anonymat pour les concours des artistes étant la condition expresse de ces concours, les pièces présentées par eux ne porteront aucun nom d'auteur, mais un signe distinctif ou une légende correspondant à un pli cacheté contenant l'adresse et le nom du concurrent artiste.

Des prix, d'un type absolument nouveau, seront spécialement créés et uniquement réservés à ce concours.

Ils consisteront pour les concours d'artistes :

1° En une plaquette de bronze pour chacun des trente concours.

2° En une prime en argent de 100 francs pour le lauréat du 1er prix et de 50 fr. pour le lauréat du 2° prix.

Deux plaquettes, fondues en or et d'une valeur de mille francs chacune, seront mises à la disposition du jury. Elles porteront le nom de *grand prix de l'Union centrale*.

L'un de ces prix sera destiné aux Arts de l'Architecture : la *Pierre* et le *Bois de construction* (classes 1 à 12); l'autre sera destiné aux Arts du Feu : la *Terre* et le *Verre* (classes 13 à 30).

Ils seront décernés dans un concours au second degré entre les objets classés au premier rang dans le premier concours. Ils ne pourront être attribués qu'à une composition absolument originale.

Les étrangers sont admis au même titre que les nationaux à présenter des pièces aux concours. Ils devront se conformer au règlement général et figurer dans l'une des classes de l'Exposition.

Les envois concernant les concours spéciaux seront adressés francs de port au Palais de l'Industrie, du 25 septembre au 1er octobre 1884, terme de rigueur.

Le jugement des concours aura lieu du 1er au 5 octobre et l'Exposition publique immédiatement après.

Le Président de l'Exposition,

Henri BOUILHET.

Vu : Le Président de l'Union centrale,

Antonin PROUST.

Président de l'Exposition :

M. BOUILHET (Henri), 1er vice-président du Conseil d'administration de l'*Union centrale*.

Comité de Direction :

Président : M. BOUILHET (Henri), président de l'Exposition.
Secrétaire : M. FALIZE,
Secrétaire adjoint : M. JUMELLE,
Membres : MM. BAPST,
—   CORROYER,
—   CRÉPINET,
—   LOUVRIER DE LAJOLAIS,

} Membres du Conseil d'administration.

MM. le Secrétaire général,
LORAIN, architecte de l'*Union centrale*.

Commissions d'organisation :

1er GROUPE : LA PIERRE

MM.
CORROYER, membre du Conseil délégué, *président*.
FONTENAY, joaillier.
MOREAU-VAUTHIER, statuaire.
VILLEMINOT, sculpteur.
OUACHÉE, juge au Tribunal de commerce.

2e GROUPE : LE BOIS (Construction)

CRÉPINET, membre du Conseil délégué, *président*.
HARET, entrepreneur de menuiserie.
BERTRAND, entrepreneur de charpente.

MM.
JEANTAUD, secrétaire de la Chambre syndicale de la carrosserie.
SIMON (Julien).
DAMON.
VALADIN.

3e GROUPE : LA TERRE ET LE VERRE

LOUVRIER DE LAJOLAIS, membre du Conseil délégué, *président*.
GASNAULT, conservateur du Musée des Arts décoratifs.
GERSPACH, chef du bureau des Manufactures nationales aux Beaux-Arts.

NOMENCLATURE DES EXPOSANTS

1ᵉʳ Groupe : LA PIERRE

1ʳᵉ Section : LA PIERRE NATURELLE

Basset (Urbain), sculpteur, 51, boulevard St-Jacques, Paris.
« *Les premières fleurs.* » *Statue marbre.*
Salon 1884, M. 3 classe.

Bataille, 22, rue Bellechasse, Paris.
Rosace marbre, cheminée.

Beaux, aux Valagnans-Vernes (Vaucluse).
Pierres pour horlogerie, pierres-limes.

Benezech (Henri), 10, rue Martel, Paris.
Cheminées pierre et marbre.

Biron et **Cⁱᵉ,** à l'Echaillon, par Voreppe (Isère).
Pierres de l'Echaillon.
E. U. Paris, 1878, M. A.

Blanchon (Etienne), 198, rue de la Roquette, Paris.
Pierres, marbres et granits.
E. U. Paris, 1878, M. H.

Chambroy (Charles), 51, boulevard Ménilmontant, Paris.
Marbres et mosaïques.

Compagnie nationale des Travauxpublics,
48, rue Vivienne, Paris.
Pierres et marbres de la Vallée heureuse, près Marquise
(Pas-de-Calais).
E. U. Amsterdam, 1883, M. O.

Décle, carrier, 8, rue Nouvelle, Paris.
E. U. Paris, 1867, M. H. — Paris, 1878, M. O.

Duchêne (jeune), à Aufargis (Seine-et-Oise).
Toitures en ardoises.

Facchina (Jean-Dominique), 2 bis, rue Legendre, Paris.
Mosaïque décorative, émail et marbre.
E. U. Paris, 1878, M. O. — Amsterdam, 1883, M. O. et D. H.

Faure et **Kessler** (Clermont-Ferrand).
*Durcissement de la pierre par la fluatation
(procédé Kessler), 5 méd. ✳, 1878.*
La fluatation, présentée à l'Académie des sciences par
M. Dumas, notre éminent chimiste, est le seul **moyen de
durcir la pierre sans y laisser rien de soluble. Solution
radicale du problème.**

Ferret et **Sicot,** à Port-d'Envaux (Charente-Inférieure).
Echantillons de pierres de Cruzannes.

Foucher (Jean-Baptiste), sculpteur, quai Cavelier de la Salle, à Rouen (Seine-Inférieure).

Deux statues en pierre de Savonnières.

Fouquet (Pierre), 40, rue des Champs-Saint-Germain, aux Lilas (Seine).

Vases porphyre et granit.

Fuhrel-Vazelle (Georges), à Servance (Haute-Saône).

Granits, syénites, porphyres, serpentine, etc.

E. U. Paris, 1878, M. B., 1878, M. A.

Gary (Antoine), à Agen (Lot-et-Garonne).

Machine portative à scier la pierre.

Gruot (Henri), marbrier, 9, rue du Chemin-Vert, Paris.

Cheminées et colonnes marbre.

Jeansaume (Antoine), 264, boulevard Voltaire, Paris.

Marbres découpés et chantournés.

E. U. Paris, 1878, M. B.

Journet et Cie, 29, rue Popincourt, Paris.

Marbres et bronzes.

E. U. Paris, 1867, M. O. — Vienne, 1873, D. H.

Lafitte (Jean), à Mariembourg (Belgique).

Pierres de construction et d'ornementation.

Lapierre (Victor), 9 et 16, rue du Cimetière, à Brest (Finistère).

Echantillons de granit et produits manufacturiers.

Laroche, 11, avenue de la République, Paris.
Colonnes marbre, faïences, métaloplastie.

Lecardeur (Gabriel), 242, boulevard Saint-Germain, Paris.
Roches, cascades, imitations de bois.
E. U. Paris, 1878, M. H.

Léger père et **fils,** 13, boulevard Richard-Lenoir, Paris.
Pierres sciées en dalles et taillées.

Leprovost, 85, rue Haxo, Paris.
Ciment, marbre.

Loichemolle et **fils,** 60, rue Amelot, Paris.
Pierres et marbres.

Mourgue (François-Paul), 27, rue de Maistre, Paris.
Colonnes et vases en porphyre et granit.

Ouachée, propriétairs exploitant à Saint-Leu d'Esserent
(Oise), et à Paris, 17, quai Conti.
Pierres de taille de Saint-Leu d'Esserent et de
Saint-Maximin.

Parfonry (François), 62, rue Saint-Sabin, Paris.
Vases marbre et bronze (voir annonces).
E. U. Paris, 1867, M. O. — Paris, 1878, M. O. — Mel-
bourne, ✿.

Paris (Charles), carrier à Gy (Haute-Saône).
Pierres recevant le poli du marbre.
A. Deschars, représentant à Paris, 6, rue Bréguet.

Philip frères, à Bollène (Vaucluse).
Pierres de taille. Produits réfractaires.

Platard (Cyprien), 29, rue Charlot, Paris.
Garnitures de cheminées, marbre et bronze.
E. U. Paris, 1878, M. H.

Renard et **Fèvre,** 226, rue Lafayette, Paris.
Propriétaires exploitants.
Pierres en bloc, sciées et taillées.

Reynier (Robert), 170, rue de Rivoli.
Pierres.

Société anonyme des carrières de Palotte
(Yonne), 78, boulevard St-Michel, Paris.
Pierres brutes, taillées, polies et sculptées.

Société des ardoisières de Stéréon (Finis-
tère). M. Crouilbois, directeur, 13, boulevard Voltaire,
Paris.
Ardoises pour toitures et ardoises d'art.

Soleau (E.), ancienne maison L. Kley, 38, rue de Turenne,
Paris.
Marbre et bronze.
E. U. Paris, 1878. — U. C., 1880, M. B.

Theisen (Charles), 73, rue Lafayette, Paris.
Carrelages mosaïque et balustrades en pierre.

Truchot (Émile), 5, rue d'Argenteuil, Paris.
Moulures, colonnes, panneaux en stuc.

Vialatte (Jacques), 41, rue Launais, à Levallois-Perret
(Seine)
Scie à scier le marbre et la pierre.

2ᵉ Section : LA PIERRE ARTIFICIELLE

Bernard frères, 148, faubourg Saint-Denis, Paris.
Enduits contre l'humidité des plâtres.
E. U. Paris, 1855, M. H. — 1867, M. B. — 1878, M. H.

Bourgeois (Mᵐᵉ Vᵉ), 69, rue Lafayette, Paris. M. Lar-
manjat, directeur et fondateur.
Carreaux mosaïque et briques comprimées.
E. U. Paris, 1878, M. A.

Caron (Léon-Charles), 58, rue du Cherche-Midi, Paris.
Enduits hydrofuges et peintures diverses.
E. U. Paris, 1878, M. B.

Coignet (François), 4, rue de la Parfumerie, Paris. —
Usine à Asnières (Seine).
Pierres artificielles non gélives, bétons agglomérés.

Combaz (Edmond), 15, boulevard Flandrin, Paris.
*Maquettes de rochers en carton pâte, plans de
jardins.*

E. U. Paris, 1867, M. B. et M. A. — Paris, 1878, M. O. et
D. H.

Compagnie générale des asphaltes de France, 117 et 119, quai Valmy, Paris.

Mines de Geyssel-Val, de Travers, etc.

E. U. Paris, 1867-1878, M. A. et M. O.

La Compagnie présente un échantillon de couche asphal-
tique comprimée sur un bloc de béton en ciment de
Portland, représentant exactement le système employé
récemment par elle, sur les indications des ingénieurs de
la Ville de Paris, pour la reconstruction des chaussées
de la rue de Richelieu et des rues entourant le nouvel
Hôtel des Postes. On s'explique aisément par cette dé-
monstration le caractère éminemment hygiénique de ce
genre de chaussées, que nulle humidité ne peut ni pé-
nétrer ni imprégner.

En ces temps d'épidémie, il n'est pas inopportun d'attirer
l'attention du public sur les immenses avantages de cette
chaussée, qui ne produit ni boue, ni poussière, et qu'un
simple lavage nettoie, qui n'absorbe aucun miasme, ne
pourrit jamais et ne jette dans l'atmosphère aucun prin-
cipe nuisible.

Compagnie générale de chromolithie, 11, rue Bailly, Paris.

Pierres factices.

Cuziel (Jérôme), 11, rue Saint-Denis, Paris.
*Sujet en stuc représentant les excursions scientifiques de
M. François Levaillant, naturaliste français, en 1776,
en Afrique. — Passage des Hottentots, attaque des bêtes
fauves.*

Danielli aîné, 30, boulevard Haussmann, Paris.
Plâtres artistiques durcis et métallisés.

Danielli (Jean-Marie), 17, boulevard Montmartre, Paris.
Imitation sur plâtre de toutes matières.

Darthuy (Edmond), 52, rue de Bellevue, Boulogne-sur-
(Seine).
Treillages et constructions rustiques.

Docters (Louis), 9, rue Albouy, Paris.
Ciment à recoller les marbres et porcelaines.

Dumesnil (Amédée), 8, rue de Joinville, Paris.
Pierres artificielles, enduits, moulures, etc.
E. U. Paris, 1878, M. B.

Gypserie de la Gare, 49, quai de la Gare, Paris.
Plâtres de couleur.

Julien (Charles), 6, rue Mornay, Paris.
Sculptures décoratives, lambris, plafonds.

Laroche, 11, avenue de la République, Paris.
Colonnes marbre, faïences, métaloplastie.

Lecardeur (Gabriel), 242, boulevard St-Germain, Paris
Roches, cascades, imitation de bois.
E. U. Paris, 1878, M. H.

Margotin, 1, rue des Deux-Gares, Paris.

Modèle en plâtre d'une cheminée exécutée sur les dessins de M. Dussert, architecte à Orléans. Ornementations.

Ministère des Travaux publics. Ecole nationale des Ponts et Chaussées.

Collection des échantillons de pierres à bâtir et de marbres produits par les principales carrières de France.

Ministère de l'Instruction publique et des Beaux-Arts. Direction des Beaux-Arts.

Collection des Modèles en plâtre choisis pour l'enseignement du dessin dans les Ecoles primaires et normales et dans les Lycées.

Moreau (François), 140, rue Pelleport, Paris.

Buste plâtre.

Pouzadoux (Jean), 45, rue Monsieur-le-Prince.

Modèles en plâtre pour les Ecoles de dessin.

Roger (Charles-Ernest), 56, rue Domrémy Paris.

Ivorine minérale.

E. U. Paris, 1878, M. H. — Paris, U. C. 1882, M. B.

Romuald, 82, rue de Rome, Paris.

Imitation sur plâtre de bois et faïences artistiques.

Société anonyme des briques et pierres blanches, 165, boulevard Voltaire, Paris.

Pierres artificielles.

E. U. Amsterdam, 1883, M. H.

Société « La Certaldite » 8, rue Port-Mahon, Paris·

Marbres artificiels et néo-stuc.

Thibault, Delafon et Cie, 125, quai Valmy, Paris.

Ciments.

E. U. Amsterdam, 1883, M. A.

Union Centrale des Arts décoratifs. Atelier de Moulages, M. Mathivet, directeur.

*Moulages de monuments anciens. Modèles de dessin
pour les Ecoles.*

Wilson (John), 11, Trafalgar Studios Chelsea, Londres.

*Ce travail a été choisi l'an dernier pour être exposé à la
Grosvenor Galerie, Bond Street, Londres, où il fut très
remarqué. Il a été spécialement modelé par l'artiste
comme étude pour une frise devant servir à des repro-
ductions dans le caractère d'Andrea della Robbia.*

3e Section : LA PIERRE PRÉCIEUSE ET GEMME

Ahrle (Henri), 54, rue Fessart, Paris.

Gravure sur pierres fines.

Antony (Gaspard), 80, boulevard de La Villette.

Camées.

Baron (Auguste), 16, rue Michel-le-Comte.
Eventails, monture joaillerie.
Paris, 1867. M. B.

Boucheron (Frédéric), au Palais-Royal, à Paris.
Pierres fines, joaillerie et bijouterie.

Bourdier (Théodule), 8, rue de la Michodière, Paris.
Joaillerie et bijouterie.
E. U. Paris, 1878, M. O. — Amsterdam, 1883, D. H.

Chéreau (Eugène), 67, rue de Turenne, Paris.
Gravure sur pierres fines, camées.
Salons 1877, 1878, M. H. — U. C. 1880, M. H.

Chéron (Eugène), 189, rue Saint-Honoré, Paris.
Bijouterie.

Cléray (Mme E.), 191, rue du Temple.
Articles de luxe.
Paris, 1867, M. B. — U. C., 1876, B. — Paris, 1878, M. O.

Cohen (Isaac-Joseph), 47, rue Lafayette, Paris.
Pierres fines.

Couquaux (Théophile), 242, rue Saint-Honoré, Paris.
Bijoux artistiques.
E. U. Paris, 1878, M. A. — U. C., 1880, M. O. — Amsterdam, 1883, M. O.

Cudrey (Anthelme), 23, rue Michel-le-Comte, Paris.
Joaillerie, diamants et pierres fines montés.

David frères, 4, rue Grenier Saint-Lazare, Paris.
Imitation de pierres précieuses.

J. Debut et **L. Coulon,** 16, rue de la Paix, Paris.
Joaillerie, bijouterie, pierres fines.
U. C. 1880, M. O. — Amsterdam, 1883, M. O. — Nice, 1884, D. H.

Garreaud (Henri), 67, rue Richelieu.
Lapidairerie d'art, pierres fines.
E. U. Paris, 1878, 1re M. O.

G. Finzi, 134, rue des Aubépines, à Colombes (Seine).
Décoration de bijouterie sur pierres.

Gaulard (Félix), 37, rue de la Prévoyance, à Vincennes (Seine).
Pierres fines gravées.
Salon 1881, M. 3me classe.

Guyétant (Adrien), 19, boulevard Montmartre, Paris
Camées durs.
E. U. Paris, 1878, M. A. — U. C. 1880, Prix de 1e classe

Lechevrel (Alphonse), 18, place du Marché-Saint-Honoré, Paris.
Gravure sur pierres fines.
E. U. Paris, 1878, M. A. — U. C. 1880, M. A. — Salon 1884, M H.

Lefebvre fils aîné, 106, rue de Rivoli, Paris.
Pierres fines montées, émaux, camées.

Martin (Mᵐᵉ Marie), 29, rue de la Chaussée-d'Antin.
Joaillerie,bijouterie.

Picard (Charles), 19, rue des Gravilliers, Paris
Pièces montées.

Pitet (Adolphe), 13, boulevard Voltaire, Paris.
Bijoux, pierre dauphin.

Vacherot (Auguste et fils), 63 et 64, Palais-Royal, Paris.
Joaillerie, bijoux.

——

4ᵉ Section : DESSINS ET MODÈLES

Darthuy (Edmond), 52, rue de Bellevue, à Boulogne-sur-Seine·
Treillages et constructions rustiques.

Delagrave (Charles), éditeur, 15, rue Soufflot.
Librairie et modèles de dessin.
E. U. Paris, 1878. — 3 M. O. et ✿.

Des Fossez et Cⁱᵉ (ancienne Maison Vve Morel et Cⁱᵉ),
13, rue Bonaparte.
Librairie d'art.

Ducher et **Cie**, 51, rue des Écoles, Paris.
Librairie d'art.
U. C. 1874, M. B. — U. C. 1876, M. A. — Paris, 1878, M. O.
Amsterdam. 1883. M. O.

Firmin-Didot, 56, rue Jacob, Paris. H. C.
Publications ayant trait à l'architecture et à la céramique.

Graeser (Carl.) Akademiestrasse, 2 bis, Vienne, Autriche.
Ouvrages d'architecture.

Ongania (Ferdinand), à Venise, Italie.
Editeur de l'ouvrage : La Basilique de Saint-Marc
voir annonces.
Milan, 1881, M. O. — Vienne, 1883. G. D.

2ᵉ Groupe : LE BOIS (Construction)

1ʳᵉ Section : BOIS NATUREL

L. Amette fils, 5, rue Montéra, Paris.
Spécimens de parquets mosaïque, guide lames.

O. André, Ingénieur - Constructeur, rue Royale, 15, Paris.
E. U. Paris, 1878, M. O. et M. A. — U. C. 1876, M. A.

Brown (William), **Franck** et Cⁱᵉ, à Chester, Angleterre.
Pavage en bois debout.

Carrier (Eugène), 44, boulevard Bineau, Neuilly (Seine).
Clocher d'hôtel de ville, modèle de charpente.

La Carrosserie industrielle, Société anonyme au capital de 1,200,000 francs, 228, faubourg Saint-Martin. Usine, 78, rue Claude-Decaen, Paris.
Spécialité de voitures pour le commerce, l'industrie, les services publics, les transports, l'agriculture et les travaux publics.
Constructeurs des voitures des Compagnies de Chemins de fer et des Compagnies de voitures de place de Paris.

Les Compagnons passants du Devoir,
101, rue de Flandre, à Paris.

Chefs-d'œuvre de maîtrise.

Les Compagnons du Devoir et de la Liberté, 10, rue Mabillon, Paris.

Chefs-d'œuvre de maîtrise.

A. Damon et Cie, 74, faubourg St-Antoine, Paris.

Menuiserie d'art.

Darthuy, 52, rue de Bellevue, à Boulogne (Seine).

Treillages et constructions rustiques.

Declerck, 95, rue St-Marc, Paris.

Bois bruts et ouvrés.

E. U. Nice, 1884, M. A.

Delmas (Edmond), 53, rue de la Roquette, Paris.

Panneaux de bois sculpté.

Drouard, 16, rue de Lyon, Paris.

Cheminées, lambris et meubles.

E. U. Amsterdam, 1883, D. H. — 1884, Nice, D. H.

Dubert (Charles), 33, faubourg Saint-Antoine, Paris.

Bibliothèques tournantes. Ouvrages sur la céramique.

Dumand, 14, quai de Halage, à Billancourt (Seine).

Treillages, kiosques.

E. U. 1855, Paris, M. A.

Dutheil, 196, rue St-Maur, Paris.
Carrosserie enfantine, voiture brevetée.

Ferret et **Sicot,** à Port-d'Envaux (Charente-Inférieure).
Bois d'orme tortillard pour carrosserie.
E. U. 1883, Amsterdam, M. H.

Fillieux (Léon), 6, rue Ste-Croix de la Bretonnerie, Paris.
Échantillons de boissellerie et d'essences forestières.
E. U. Paris, 1878, M. O.

Goyers (Egide), à Louviers, Belgique.
Meubles sculptés en bois massif.
E. U. Nice, 1884, M. O.

Groseil (Jules), 143, boulevard de Grenelle, Paris.
Constructions rustiques, échelles de sauvetage.

Henry (Paul), 21, passage des Favorites, Paris.
Meules et machines, meules d'émeri.
U. C. 1880, M. A.

Jeandet (François), 81, rue Reaussin, Paris.
Escaliers, charpente, etc.

Jeantaud (Charles), 51, rue de Ponthieu, Paris.
Voitures de luxe.

Kaeffer et **C**ie, 55, rue de Flandre, Paris.
Parquets mosaïque en bois.

Lacour (Louis), 22, passage du Génie, Paris.
Jalousies bois et accessoires.
E. U. 1867 et 1878, M. B.

Lamblin et **Mercier**, 120, rue d'Allemagne, Paris.
Machines outils à travailler le bois.

De Laterrière, 35, rue Doudeauville, Paris.
Portes, lambris, cheminées, etc.

Laureilhe (Léon), 196, quai Jemmapes, Paris.
Bois de charpente et menuiserie.

Lebel (Charles), 7, passage du Buisson-St-Louis, Paris.
Optique, tranchage du bois.
E. U. Nice, 1884, M. A.

Mairel (Célestin-Eugène), 5, rue de Charonne, Paris.
Projet de marqueterie artistique pour menuiserie.
U. C. 1882, M. B. — E. U. Amsterdam, 1883, M. O.

Mallet (Jules), 26, avenue Bosquet, Paris.
Décorations en bois sculpté.

Mayoux (Antoine), 21, rue du Cherche-Midi, Paris.
Appareil appliqué à la navigation aérienne.
E. U. Paris, 1867 et 1878, M. B.

Mazaroz-Ribalier et **Cie**, 94, boulevard Richard-Lenoir, Paris.
Vieille façade d'une maison de Rouen.
(Voir Catalogue du Musée rétrospectif.)

Mégissier, 10, place Daumesnil, Paris.
Carrossier. Voitures d'enfants.

Ménagé (Jules), 22, rue Gambey, Paris.
Objets en bois d'olivier, incrustations, mosaïque.
E. U. Paris, 1878, M. H.

Mercier frères, 100, faubourg St-Martin, Paris.
Lambris, caissons et ameublement de salle à manger.
U. C. 1882, M. B.

Mercier (Louis-Alfred), 37, cours de Vincennes, Paris.
Jalousies en bois.

Michel (Jean), 100, rue de Charonne, Paris.
Rampe d'escalier avec balustre, tournage rampant.

Ministère de l'Agriculture (Direction des forêts).
Collections des bois français réunies par l'École nationale forestière de Nancy. — L'industrie du bois en forêt. — Panneaux de l'École forestière primaire des Barres. — Collections diverses. — Plans, cartes et documents. — Trophées de vénerie.

Muller (Auguste), 2, rue Nouvelle, Paris.
Bois bruts et bois tournés.

Oppenheimer frères, 21, rue de Cléry, Paris.
Articles de Chine et du Japon.

Porte-Secrétan (Félix), 35, rue de la Lune, Paris
Lambris, plafonds, cheminées gothiques.
E. U. Nice, 1884, M. A.

Rogers (Alfred), 29, Maddox street, Londres.
Objets d'art en bois sculpté.

Sabarly (Adrien), place d'Alleray, Paris.
Modèles de charpente, escaliers, cintres.

Société anonyme « La Construction Industrielle », 28, passage Raoul, Paris.
Menuiserie, parquets.
E. U. Paris, 1878, M. O. — Amsterdam, 1883, D. H.

Société Française de tranchage des Bois, 4, passage Charles-Dallery, Paris.
Panneaux et placages.
E. U. Paris, 1878, M. O. — U. C., 1882, H. C.

Terquem (Émile), 15, boulevard Saint-Martin, Paris.
*Bibliothèques tournantes. — Ouvrages sur le bois,
la céramique et la verrerie.*

Vincent (Louis), 41, boulevard Voltaire, Paris.
Châssis à tabatière.

2e Section : BOIS PEINTS, LAQUES ET VERNIS

Aubrun (Pierre), 62, boulevard Montparnasse, Paris.
Peintures décoratives pour édifices.

Baudet (Cyrille), 20, rue Favart, Paris.
Pianos en vernis Martin.

Bernaudat, 39, boulevard Malesherbes, Paris.
Tabletterie.

Bing et **C**ie, 13, rue Bleue, Paris.
Laques de Chine et du Japon.

Brunning-Hausen, 123, rue de Turenne, Paris.
Meubles peints.
U. C., 1822, M. B.

Deshayes (Charles), 23, boulevard Saint-Martin, Paris.
Laque et Jouets artistiques.

Dreyfus (Georges), 32, rue de Paradis, Paris.
Plats décoratifs imitation faïence
Petits panneaux, reproduction des tableaux connus.
E. U. Amsterdam, 1883, M. B.

3.

Germain (Mme), 1, rue Saint-Claude, Paris.
Meubles de laque incrustés de nacre.

Giraudon (Sylla), 1, rue Thérèse, Paris.
Coffrets et cadres ornés de pierres.
E. U. Paris, 1878, M. A. — U. C., 1882, M. A.

Guérin (Léopold), 126, rue de La Chapelle.
Piano mélodieux.

Kaleski (Mlle Anna), 14, rue des Petits-Carreaux.
Objets divers et laques de Chine et du Japon.

Kœstler, 5, rue de Charonne, Paris.
Meubles de salon laqués avec applications de céramique.
U. C., 1882, M. B.

Rebo des Montils, 83, avenue de Wagram, Paris.
Photographies peintes à l'huile sur bois.

Regnier (E.), 9, rue Beautreillis, Paris.
Sculpteur décorateur.
Amsterdam, 1883, M. A. — Paris, 1878, M. B. — New-
York, 1853, M. A. — Pau, 1849.
Successeur des maisons Lepreux et Irow.
Décorations artistiques.
Cadres, bordures, miroirs.

Richet frères, 49, boulevard Rochechouart, Paris.
Décorations murales, faux bois, faux marbre.

Robcis (Gustave), 75, faubourg Saint-Antoine, Paris.
Glaces, miroirs et glaces peintes.

Rose (Victor), dessinateur graveur, 35, boulevard des Capucines.
Dessins industriels.
Vienne, 1873, or et dipl. de Mérite. — Paris, 1878, M. A.

Viardot (Gabriel), 3, rue des Archives, Paris.
Fabricant de meubles de tous styles, créateur des meubles « genre japonais et chinois » appropriés au goût français. Emploi exclusif de matériaux d'origine.
Paris, 1855, M. B. — 1878, M. A. — Nice, 1884, M. O.

3e Section : DESSINS ET MODÈLES

Delagrave (Charles), éditeur, 15, rue Soufflot, Paris.
Ouvrages d'architecture. bibliographie des arts du Bois.
E. U. Paris, 1878. — 3 M. O. et ✡.

Des Fossez et Cie (ancienne maison Ve Morel et Comp.), 13, rue Bonaparte, Paris.
Livres et gravures.

Ducher et Cie, 51, rue des Écoles, Paris.

Librairie d'art.

E. U. Paris, 1867, M. A., — U. C., 1876, M. A. — Paris, 1878, M. O.

3ᵉ Groupe : LA TERRE ET LE VERRE

—

1ʳᵉ Section : CÉRAMIQUE

Alix (Jean-François), 6 *bis*, rue Richard-Lenoir, Paris.
Médaillons bas et haut relief, porcelaine appliquée à l'ornementation du mobilier.

Aubry (Jules), faïencerie de Toul.
Faïences artistiques de tous genres.
16 médailles bronze, vermeil, argent et or aux principales Expositions.

Avisseau (Edouard), 8, rue Avisseau, à Tours (Indre-et-Loire).
Modeleur, céramiste, émailleur.
Paris, 1849, 1855, 1867, 1878, M. B.

Barbery (Mᵐᵉ Clotilde), 69, rue du Faubourg-Saint-Martin, Paris.
Peintures sur faïence.

Barbizet (Claude-Achille), 15, place du Trône, Paris.
Faïence, genre Bernard Palissy.
Paris, 1852, grande médaille d'or pour la vulgarisation
des émaux en France.

Beane (Mlle), à Londres.
Plaque de Chine, peinte d'après Rosa Bonheur.

Beauvais (Jean-Baptiste), 52, rue Olivier de Serres, Paris.
Sculpteur. Terres cuites.

Becker (Jacques-André), 23, quai Saint-Michel, Paris.
Dépôt de fabriques, grès cérames.

Bejot (Adolphe), 39, boulevard Saint-Michel, Paris.
Porcelaines et faïences.

Béziat (Henry), 54, rue de Paradis, Paris.
Porcelaines, faïences, cristaux.

Bing et Cie, 13, rue Bleue, Paris.
Porcelaines et laques de Chine et du Japon.

Bironneau (Mlle Marie), 62, rue du Faubourg-Poisson-
nière, Paris.
Porcelaines et faïences, barbotines grand feu.

Blot (Eugène), à Rosendael-les-Bains.
Groupes terre cuite.

Boch (frères), 1, rue de Compiègne, Paris.
Carrelage et céramique.
Lyon, 1872, M. O. — E. U. Paris, 1867, M. B. — E. U. Paris, 1878, M. O.

Bohn, 29, passage des Favorites, Paris.
Terres cuites artistiques.
Paris, 1878, mention honorable. — U. C., 1880, M. A. et plaquette de bronze.

Bouché fils (Adrien-Nicolas), 125, rue de Turenne, Paris.
Porcelaines pâte tendre, émaux, cristaux montés en bronze.
Paris, E. U. 1878, M. A.

Bouquet (Michel), 56, rue de La Rochefoucauld, Paris.
Tableaux faïence, émail cru.
U. C., M. A. — Paris, 1867, M. A. — 1878, M. A

Bourgeois (Émile), 21, rue Drouot, Paris.
Grand dépôt de porcelaines, faïence, cristaux.
Paris, 1878, M. B. — Nice, 1884, M. A.

Boussard (Dominique), 21, rue de Paradis, Paris.
Fleurs en porcelaine.

Boulet (Achille), à Nice (Alpes-Maritimes).
Fabricant de poterie artistique.

Bouvret (Georges), 32 et 34, galerie Vivienne, Paris.
Terres cuites inédites.

Brault (Alfred), 31, rue Bonaparte, Paris.
Terres cuites ornementales.

Brazon (Mlle Camille), 153, Grande-Rue, à Sèvres (Sein et-Oise).
Porcelaines et faïences peintes.
Mentions aux concours de l'Union centrale en 1874 et 1876.

Brown, Westhead, Hoose et Co, Cauldon place, Staffordshire (Angleterre).
Maison de vente en France : Grand dépôt, 21, rue Drouot, Paris.

Bruin (Auguste), 12, rue Chevert, Paris.
Vitraux.
Paris, 1878, mention honorable.

Caille (père et fils aîné), 134, rue du Temple, Paris.
Porcelaines décorées, montées en bronze et non montées.

Cellière (Louis), 20, rue de la Sorbonne, Paris.
Produits céramiques peints.
Paris 1878, M. H. et M. B.

Maison Charles Champigneulle.
Veuve Charles Champigneulle, seul successeur, Bar-le-Duc, Salvanges (Meuse).
Céramique d'art.
Grand prix d'honneur, Rome, 1870.
Médaille d'or, 1878.

Charnoz et Cie, à Paray-le-Monial (Saône-et-Loire).
Carrelages céramiques.

Chevolot (Louis), 26, avenue d'Orléans, Paris.
Une faïence grand feu sur émail cru et aquarelles.

Chineau (Georges), 10, boulevard Poissonnière, Paris.
Terres cuites.

Chambre syndicale des fabricants de porcelaine du Limousin, à Limoges (Haute-Vienne). Exposition collective.

Bac-Périgault et **C**ie, vieille route d'Aixe, à Limoges.
Porcelaines blanches et décorées.
Méd. A. à Nice, 1884.

Bernard et **Breuil**, rue de la Fonderie, à Limoges.
Porcelaine décorée.

Coiffe, Touron et **Simon**, route de Paris, 66, à Limoges.
Porcelaines.

Delhomme, vieille route d'Aixe, à Limoges.
Porcelaines blanches et décorées.

Delinières et **C**ie, à Limoges.
Porcelaines blanches et décorées.

L. Delotte et **H. Tarneaud**, faub. Montmailler, 95, à Limoges.
Services de table, garnitures de toilettes, vases, potiches.

Guérin et **C**ie, rue du Petit-Pont, à Limoges, et à Paris, 35, rue de Paradis.
Porcelaine blanche et décorée au feu de moufle et au four.
Paris, 1878. M. H. — Nice, 1884. M. O.

Laporte (Raymond), rue Cruveilhier, à Limoges.
Bustes statuettes, services à café et à thé, tasses diverses.
Médailles aux diverses Expositions.

Martin (P.), faubourg de Paris, 15, à Limoges.
Porcelaines décorées.
Bordeaux, M. O.

Noussat frères, 2, rue Cruveilhier, à Limoges.
Récompense à l'Exposition de Melbourne.

Redon, à Limoges.
*Porcelaines blanches et décorées, couleurs au grand feu de four.
Services de table fantaisie et statuettes.*
Paris, 1878. M. O. — Amsterdam, 1883, Diplôme d'honneur.

Sazerat, Blondeau et **Cie,** à Limoges.
Porcelaines et cérames divers.
M. A. et O.

Touze, Époux Marty et **Theillaud,** ancienne
route d'Aixe, 79, à Limoges.
*Porcelaines décorées. Services de table et dessert, garnitures de
toilettes, services café, thé, tête-à-tête, etc.*

Colas (Charles), 5, passage des Mariniers, Paris.
Terres cuites artistiques.

Compagnie anglaise, 40, rue de Paradis, Paris.
Céramique, toilettes, etc.
Paris, 1867, M. A. — Paris, 1878, M. O.

Corridi (Édouard), à Florence (Italie), boulevard Militaire, 20.
Faïences et terres cuites artistiques.

Coutan (Georges), 3, impasse Gaudelet. — 114, rue Obérkampf, Paris.
Terres cuites, d'art.

Dartout (Pierre), 28, rue de Paradis.
Fleurs porcelaine et fantaisie.
Paris, 1867, M. B. — U. C., 1874, M. B.

Debaecker (Léonce), passage Charles Dallery, Paris.
Poêle de fantaisie. — Revêtements.
U. C., 1874, M. A. — Paris, 1878, M. A.

Deck (Théodore), 20, passage des Favorites.
Faïences et porcelaines.
Londres, 1862, 1re médaille. — Paris, 1867, M. A. — Vienne, 1873, ✳. — 1878, Grand prix, O. ✳, — 1883, diplôme d'honneur.

Delforge (Emile), 70 et 93, rue de Turenne, Paris.
Faïences artistiques.

Demilly, à Sèvres, Grande-Rue, 15.
Terre cuite. — Poterie lustrée. — Grès cérame.

Deselle fils (Charles-Lucien), 7, rue des Petites-Écuries.
Cristaux et porcelaines pour bâtiment et ameublement.

D'Huart frères, Longwy (Meurthe-et-Moselle).

Faïences.

Dépôt à Paris, rue Lafayette, 122. M. Legay, directeur.

Paris, 1878. M. O., ✳.

Doulton et **Cie**, fabricant de poteries. — Londres et Paris.

Paris, 1878, grand prix et ✳. — Amsterdam, 1883, 3 diplômes d'honneur.

Dupont (Mathieu), 92, faubourg du Temple, 5, passage Pivert, Paris.

Céramique et couleurs vitrifiables.

Paris, 1867, M. B. — U, C., 1869, M. B.

Dupont (Mlle Julie), 5, rue Pirouette, Paris.

Artiste peintre céramiste, porcelaine, faïence
et émaux peints.

3ᵉ mention. Concours du Grand Prix de voyage en 1880.

Ernie (Charles), 20, rue de Paradis, Paris.

Porcelaines, faïences, verreries.

Paris, 1878, M. A.

Espeuilles (Marquis d'), à Saint-Honoré-les-Bains, (Nièvre).

Poteries de grès.

Paris, 1878, M. H.

Faïencerie de Gien (Loiret). Dépôt à Paris, rue d'Hauteville, 48.

Manufacture de poteries fines.

Médailles d'or et d'argent aux diverses Expositions.

Fargue et **Hardelay**, 152, faubourg Saint-Martin, Paris.
Ingénieur céramiste.

Fischer fils (Maurice de), à Fata (Hongrie).
Porcelaines.

Fontaine, 50, rue Du Couëdic, Paris.
Terres cuites artistiques.

Gabelle (François-Marie), à la Chartre (Sarthe).
6 assiettes en porcelaine décorées de fleurs d'après nature.

Gaidan et **Vidal**, 21, rue du Gazomètre, Tours, (Indre-et-Loire).
Céramique architecturale.

Gallé (Émile), 2, avenue de la Garenne, à Nancy, (Meurthe-et-Moselle). Dépôt à Paris, 34, rue des Petites-Écuries.
Céramique et Verrerie d'art.
Lyon, 1872, M. O. — Paris, 1878, 4 M. dont une d'argent.

Gardon (Henry), 12, rue de Paradis, Paris.
Terres cuites et porcelaines.

Garnier (Marie), 163, rue de Rennes, Paris.
Porcelaines et faïences peintes.

Gille (Édouard), 2, boulevard Jourdan, Paris.
Faïences d'art, grès.
Paris, 1878, M. B. — Bruxelles, 1880, M. O. — Amsterdam, 1883, M. A. — Nice, 1884, M. O.

Gillet (Eugène), 9, rue Fénelon, Paris
Lave reconstituée.
Paris, 1878, M. O.

Ginori (Manufacture), à Doccia, près Florence
(Italie).
Dépôts et agences :
Émile Gerson, 66, rue d'Hauteville, Paris.
Bing jeune et Cie, Zeil, 31, Francfort-sur-le-Mein.
Porcelaines et majoliques.
Vienne, 1873, Dipl. d'H. — Paris, 1878, M. O.

Gontran, 5, cité Fénelon, Paris.
Objets d'art et de fantaisie. — Terres cuites.
Paris, 1878. Mention honorable. — U. C., 1882, M. A.

Grande Tuilerie de Bourgogne, 123, faubourg
Poissonnière, Paris.
Briques, poteries, objets d'art en terre cuite.

Hache et Pepin-Lehalleur, 24, rue de Paradis,
Paris.
Porcelaines, services de table.
Paris, 1855, M. A. — Paris, 1867, M. A. — Vienne, 1873,
Dipl. d'H. — U. C., 1869, M. O. — Paris, 1878, M. O. et
Dipl. d'H.

Haviland et Cie, 116, rue Michel-Ange, Paris.
Porcelaines et faïences.
Dépôt, 60, faubourg Poissonnière.

Houry (Jules), 50, rue du Faubourg Poissonnière, Paris.
Céramique.

L. Huet |N C| et **Beudon,** 172, avenue de Choisy.
Produits réfractaires pour la céramique et la verrerie.
Produits de terre cuite pour le bâtiment.
Paris 1878, Médaille d'argent.

Jean fils, 61, rue Dombasle, Paris.
Faïences et verreries artistiques.

Joost Thooft et **Labouchère ,** à Delft (Hol
lande).
Faïences de Delft.
Amsterdam, 1883, M. O.

Jouneau (Prosper), à Parthenay (Deux-Sèvres).
Faïences.

Lachenal (Edmond), 32, rue du Ponceau, Châtillon-sous
Bagneux (Seine).
Vases, plats, panneaux.
Médailles de collaboration (Maison Deck).

Ladreyt (Eugène), 292, boulevard Voltaire, Paris.
Statuettes et terres cuites polychromes.
Paris, 1878, M. II.

Larmande père et **fils,** à Viviers (Ardèche).
Carreaux mosaïque dits calcaires hydrofuges.
Paris, 1867, M. II. — Nice, 1884, Dipl. d'II.

Larue (Nicolas), 47, rue des Batignolles, Paris.
Thermomètre terre cuite.

Laurin, 17, Grande-Rue, à Bourg-la-Reine (Seine).
Céramique.
Paris, 1867, M. B. — Paris, 1878, M. A. — Vienne, 1873,
M. de M. — Amsterdam, 1883, M. O.

Lechippey (Pierre), 64, faubourg Saint-Martin, Paris.
Encriers en porcelaine et terre.

Lecorney et **C**ie, 4 bis, rue Pierre-Levée, Paris.
Terres cuites et porcelaines d'art.

Lœbnitz (Jules), 4, rue Pierre-Levée, Paris.
Céramique d'art.
Frontispices et modèles de céramique, par M. Paul Sédille,
architecte.
Paris, 1878, M. O. — Amsterdam, 1883, M. O. et Dipl. d'H.

Lefront, 232, rue Grande, à Fontainebleau (Seine-et-Marne).
Faïences artistiques.
U. C., 1869, M. H. — U. C., 1876, M. B. — Paris, 1878,
M. B. — Nice, 1884, M. A.

Lepreux (Pierre), 73, boulevard Beaumarchais, Paris.
Plat terre cuite.
Paris, 1878, M. B.

Leser et **C**ie, 1, rue de Wissembourg, à Strasbourg
(Alsace-Lorraine).
Fabricant de faïences. — Appareils de chauffage
en faïence.

Lordereau aîné, 56, rue de Paradis, Paris.
Céramiste. — Carreaux blancs et divers.

Loubens (Mme François), 65, rue de Douai, Paris.
Porcelaines et faïences décorées, aquarelles.

Madrassi (Lucas), 49, boulevard Montparnasse, Paris.
Terres cuites d'art et marbres.

Mailly (Marc), à Saint-Yrieix (Haute-Vienne),
Porcelaines.

J. Martin et **J. Chauffier**, à Esternay (Marne).
Porcelaines.

Masse (Charles), 14, rue des Colonnes-du-Trône, Paris.
Terres cuites artistiques.

Massier (Clément), Golfe Juan (Alpes-Maritimes).
Faïences artistiques.
Paris, 1878, M. A.— Amsterdam, 1883. M. O.— Nice, 1884,
Dipl. d'H.

Maucomble et Cie, 9, galerie Vivienne, Paris.
Encriers en porcelaine, marbre et cristal décorés.
U. C., 1882, M. B. — (Voir annonce).

Menon (Mlle Marie), directrice du cours professionnel de
Levallois-Perret, 4, rue Fromont, à Levallois (Seine).
Céramique.
U. C., 1882, M. B.

Millet (Optat), 8, rue Troyon, à Sèvres (Seine-et-Oise).
Faïences et porcelaines.
Paris, 1878. M. A.

Muller (Émile), à Ivry-Port, près Paris (Seine).
Terres cuites ornées pour constructions.
Paris, 1878. Grand Prix.

Noblet (Achille), 7, passage Verdeau, Paris.
Marbres et terres cuites d'art.

Oppenheimer frères, 21, rue de Cléry, Paris.
Importateurs. — Articles de Chine et du Japon.

Otto (Émile), 81, rue Saint-Sauveur, Paris.
Dessins pour décorer la porcelaine, le verre, etc.

Parvillers (Théophile), 80, rue de Turenne, Paris.
Lampes porcelaine et bronze, lustres cristal et bronze.
Paris, 1878, M. A.— U. C., 1880. M. B.

Passavant-Iselin, à Bâle (Suisse).
Poêles en faïence.

Perrière (François), 26, rue Montessuy, Paris.
Céramique pour hourdis de planchers.

Personne (Jean-Édouard), 8, rue Royale, Paris.
Toilettes Victoria, faïences.
Paris, 1878, M. H.

Peyrusson, place Dauphine, à Limoges (Haute-Vienne).
Porcelaines, couleurs et émaux pour les différents feux.

Philip frères, à Bollène (Vaucluse).
Produits réfractaires.

Picard (Charles-Gaston), 52, rue Réaumur.
Verrerie et céramique.

Picquefeu (Louis-Georges), 35, rue Saint-Ambroise, Paris.
Faïences pour chauffage et architecture.
Paris, 1878, M. B.

Porcher (Émile), 52, rue d'Hauteville, Paris.
Faïences anglaises.

Poullain et **Soubrier,** 35, rue des Archives, Paris.
Porcelaines, faïences et verres montés.
Paris, 1878, M. H. et M. B.

Pull (Georges), 122, rue Blomet.
Céramique d'art.

E. Quinter et **C**ie, aux Lilas (Seine), et rue de Paradis, 57, Paris.
Faïence et porcelaine.

Rafin et **Ameuille,** à Saint-Paul, près Beauvais (Oise).
*Carreaux en grès cérame, mosaïque colorée
et briques réfractaires.*

Rangod (Mme V^e), à Romainville (Seine).
Pièces décoratives, marbre, onyx, émaux.

Richard (Mme Hortense), artiste peintre, 116, boulevard Montparnasse.
Miniatures sur porcelaine.
U. C., 1876, Mention honorable.

Rigal et **Sanejouand**, à Clairefontaine (Haute-Saône).
Faïences fines imprimées et majoliques.

Rousseau (Eugène), 41, rue Coquillière, Paris.
Porcelaines, faïences et cristaux.
U. C., 1876, M. O. — 1867-1878, membre du jury.

Roy (Gustave-Pierre), 17, passage Saint-Sébastien, Paris.
Faïences décoratives.
Paris, 1878, M. B.

Saison (ancienne Maison Lebourg), 43, boulevard Voltaire, Paris.
Céramique, reproduction de vieux Chine et Japon.
Paris, 1867, M. B. — Amsterdam, 1883, M. B.

Schopin (Eugène), à Montigny-sur-Loing (Seine-et-Marne).
Faïencier.
U. C., 1876, M. A. — Paris, 1878, M. A. — Amsterdam, 1883, M. O.

Sergent, 106, avenue d'Orléans, Paris.

Faïences, une grande cheminée, vases, etc

Paris, 1878, M. B. — Amsterdam, 1883, M. A.

Société anonyme des faïenceries de Bourgogne, à Longchamp, par Genlis (Côte-d'Or). Dépôt à Paris, 11, rue Martel.

Paris, 1878, M. B. — Amsterdam, 1883, M. A. — Nice, 1884, M. A.

Société anonyme pour la fabrication des cornues à gaz, à Ivry (Seine), 32, rue Nationale

Produits réfractaires.

Société de Saint-Gobain, Chauny et Cirey, manufacture de glaces. Dépôt à Paris, 9, rue Sainte-Cécile.

Glaces et verres bruts.

Solon (Louis-Marc), Stoke-on-Trent (Angleterre).

Plaques de porcelaine décorées en pâte sur pâte.

Terrène (Mⁿᵉ Mathilde), 10, rue du Marché-Saint-Honoré.

Jouets en porcelaine.

The Artistic Pottery C°, Wood Green, London W.

Poteries artistiques.

Theisen (Charles), 73, rue Lafayette, Paris.

Carrelages mosaïque et balustrade en pierre.

E. Thibault, Delafon et Cie.

Matériaux de construction.

Bureaux et dépôt central : 125, 127, 131, quai Valmy.

Dépôts : à Puteaux, 33, rue de Paris, et quai National; à Bercy-Nicolaï (gare des marchandises), cases n°s 4, 5, 21, 22 : à Troyes (Aube), 3, rue du Vouldy. Seuls dépositaires pour Paris et départements limitrophes :

1° Des usines W. Harriman et C° Lœ., de Blaydon s/Tyne, près Newcastle (Angleterre). — *Tuyaux de grès vernissés; briques réfractaires; pavés de grès unis et quadrillés; vases d'ornements; auges pour le bétail, éviers, etc.* — Médailles d'argent, Amsterdam 1883, Calcutta 1883.

2° Des usines L. Picardeau et Cie. — *Chaux éminemment hydraulique de Beffes, admise par le service municipal des travaux de la Ville de Paris, le génie, le service des ponts et chaussées, les services des eaux et canaux, les compagnies de Lyon, d'Orléans, du Nord, etc.; ciment de Portland de Beffes.* — Médaille 1re classe, Nevers 1872.

3° Des usines Rotton, Grenan, S^r, à Chouard-Angely. — *Ciments de Vassy, spécialement autorisés à l'article 14 du devis d'entretien des eaux et égouts de la Ville de Paris.* — Mention honorable à l'Exposition universelle de 1878. — Diplôme d'honneur, Blois, 1883.

(Envoi franco du catalogue et prix courants.)

Thierry (Gustave), 32, rue de Paradis, Paris.

Céramique.

Tilliard (Victor), à Vic-sur-Seille (Lorraine).

Panneaux de fleurs, terre cuite.

Torquay Terra Cotta Company, à Torquay (Angleterre).

Vases et objets d'art en porcelaine émaillée.

Tortat (Josaphat), 2, rue Chambourdin à Blois (Loir-et-Cher).

Faïences artistiques.

U. C., 1876, M. B.

Union céramique et Chaufournière de France, 17, rue d'Enghien, Paris.

E. U. 1878, Paris, diplôme et M. O. — Exposition de Tours, 1881, D. H., exposition collective.

Blind et Deberque, entrepreneurs de fumisterie. P. Empereur, ingénieur, 4, rue Daubancourt, Paris, et C. E. Bourry, ingénieur, 80, rue Taitbout, Paris.

Four à moufle au gaz.

Blot (père et fils), à Pontcarré, à Burelle et Courtpalais (Seine-et-Marne).

Produits en terre cuite.

Paris, 1855, E. U., M. 2e cl. E. U. Paris, 1878, M. H.

Bocquet, aux Chauffours-Eu (Seine-Inférieure).

Briques diverses.

Paris, 1878 M. O. et Dip. d'H.

Bonzel, (Charles), à Haubourdin, près Lille (Nord).

Tuiles vernissées, boisseaux en terre réfractaire.
Couvertures pour murs de grandes dimensions.

Bourry (C.-E.), ingénieur, 80, rue Taitbout, Paris.

BUREAU TECHNIQUE. — *Spécialité pour briqueteries, tuileries, fabriques de chaux et de ciments.*
Application du chauffage au gaz à diverses industries.
Machines à briques, tuiles, machine Hertel.
Four Hoffman, seul représentant pour la France, Belgique, Espagne, etc.

PLANS ET MODÈLES DE FOURS. — APPAREILS DIVERS

Four continu à chandelles, système Schwandorf. — Four continu à flammes renversées et moufle chauffé au gaz (en fonction à l'Exposition).

Bonnefille, à Massy (Seine-et-Oise).
Carreaux en terre cuite et briques.
Paris, 1878, M. B.

Bonvallet, 26, rue du Bourg-Thibourg, Paris,
Constructeur de fours. — Plans de four.

Borie-Chanal, chemin de Périole, à Toulouse (Haute-Garonne).
*Tuiles mécaniques, briques creuses et de Bourgogne. —Tuyaux.
Faîtières et arêtières ciel ouvert.*

Boutet-Lacroix, 28, rue des Ecluses-Saint-Martin, Paris.
Matériel pour tuileries et briqueteries.
Paris, 1878, M. O.

Boutier, 78, rue du Faubourg-Saint-Martin.
Pyromètre à courant d'eau.
Léon Orosdi, représentant.

Champion, à Châteaurenault (Saône-et-Loire).
*Briques blanches et émaillées. — Barreau supérieur.
Tuyaux de drainage.*

Collin-Müller, à Auneuil (Oise).
Tuiles, carreaux, briques creuses et poteries de bâtiment.
Exp. Beauvais, M. O.

Compagnie des ciments et chaux du Bassin d'Argenteuil, à Sannois (Seine-et-Oise).
Échantillons de ciments, chaux.
E. U. 1878, Paris, M. O.

Decauville (aîné), à Petitbourg (Seine-et-Oise).
Chemins de fer portatifs.
E. U. Paris, M. O., et ✡.

Denis (Pierre-Vincent), au Petit-Fresne (Seine).
Produits en terre cuite pour le jardinage et le bâtiment.
Paris. 1878, M. H.

Deslignières (Marcel), architecte, 121, boulevard Péreire, Paris.
Dessins (lavés) d'architecture.
Pavillon de l'Union céramique et chaufournière de France, à l'Exposition universelle de 1878 (Trocadéro).

Dumont. Usine de Fonval, à Roanne (Loire).
Types divers de Tuiles et Briques.
Paris, 1855-1867-1878, M. B. et A.

Fanchon. Société des Ciments français de Boulogne.
Ciment de Portland.

Gastellier, à Fresnes, par Claye-Pouilly (Seine-et-Marne).
Cuisson des Produits céramiques par le gaz : Four à feu continu fonctionnant dans le palais, avec différents moyens de distribution du gaz applicables à tous les systèmes de four. Briques diverses. Pavés céramiques, etc.

Gérard (Alfred), à Yokohama (Japon).
Tuiles et poteries de bâtiment.

Gilardoni (frères), à Pargny (Marne) et à Altkirch (Alsace).
Terre cuite ornée pour bâtiment.
E. U. Paris, 1855. — 1867, M. 1re cl.

Giraud (fils), au Port rouge, Rochefort (Charente-Inférieure).
Produits céramiques.
Médailles diverses.

Hornez, tuilerie mécanique de Bourlon (Pas-de-Calais).
Tuiles et poteries pour bâtiments.

Jannot, à Triel (Seine-et-Oise).
Broyeurs tamiseurs.
E. U. Paris, 1878, 1er prix.

Joly et **Fourcard,** à Blois (Loir-et-Cher).
Machines pour tuileries et briqueteries.
E. U., Paris, 1878, M. O., M. A. et M. B.

Jovenet (Henri-Dieudonné), à Suresnes (Seine).
Briques pleines et creuses, tuyaux à emboîtement.
Poteries de bâtiments, tuiles mécaniques.

Kaltenheuser, 57 bis, avenue de Saxe, Paris.
Terre cuite ton pierre et terre émaillée.

Lacaze (Henri), ingénieur civil, 4, boulevard Denain, Paris.
Four continu perfectionné pour la cuisson du plâtre
(cuisson au gaz).

Lombard, à Septveilles, près Provins (Seine-et-Oise).
Produits en terre cuite.

Lombard fils, à Montiéramcy (Aube).
Produits en terre cuite.

Marle, ingénieur à Montceau-les-Mines (Saône-et-Loire).
Four continu pour produits céramiques.
Paris, 1878, M. H.

Musmaque et Cie, à La Folleville, près Saint-Chéron
(Seine-et-Oise).
Produits en terre cuite pour bâtiments, horticulture
et drainage.

Mouton, à Chartres (Eure-et-Loir).
Briques. tuiles et carreaux.
E. U. Paris, 1867. — 1878, M. H.

Olivier (aîné), directeur des briqueteries de Seine-et-Oise,
2, rue Poussin, à Auteuil (Seine).
Briques et poteries.

Parmentier, à Sannois (Seine-et-Oise).
*Briques, tuiles et poteries, ornementation
terre cuite.*

Parvillée (Léon), 46, rue de Caulaincourt, Paris.
Céramique décorative.
1878, Médaille de la Société centrale des architectes.

Passavant-Iselin, à Bâle (Suisse).
*Tuyaux et carreaux en grès cérame, tuiles,
briques, etc.*

Pérusson frères et **fils** et **Desfontaines,** à
Écuisses (Saône-et-Loire).
Produits céramiques pour constructions.
E. U. Paris, M. O.

Rabourdin-Bouju, à Gasville, près Chartres (Eure-et-
Loir).
Briques et poteries, produits réfractaires.
Médailles diverses.

A. G. Robin, à Villeneuve-sur-Lot (Lot-et-Garonne).
*Céramique d'art, émaux en relief sur terre
et faïence.*

Radot (Émile), à Essonnes (Seine-et-Oise).
Tuiles, briques et poteries

Roux, constructeur, 27, rue des Taillandiers, Paris.
Ustensiles et outils divers pour briqueterie.

G. Sachot, à Montereau (Seine-et-Marne).
Briques, tuiles, poteries, ornementation terre cuite.
E. U. Paris, 1878, M. A.

A. Simon, E. Polakowski et **Cie**, à Roumazières (Charente).
Produits céramiques. Construction et ornementation du bâtiment. Tuiles spéciales à couvre-joints solidaires (système breveté). Four Simon à feu continu ou intermittent, cuisson à la houille et au gaz (procédés brevetés s. g. d. g.)
E. U. Paris, 1878, M. A.

Société des briques et **pierres blanches**, 162, boulevard Voltaire, Paris.
E. U. Amsterdam, 1883, M. H.

Société Sazevac et **Cie**, à La Rochefoucauld (Charente).
Produits céramiques pour construction.

Sottier et **Cie**, à Neufchâtel, par Boulogne (Pas-de-Calais).
Ciment Portland.

Société des produits céramiques de Jeanmesnil (Vosges).
Tuyaux et poteries en grès.

Tausin (Henri), à Saint-Quentin (Aisne).
Carreaux mosaïque en ciment comprimé.
Médailles diverses aux Concours régionaux.

Tuileries réunies de Montceau-les-Mines et Saint-Vallier. A. Virollet, 1, place des Vosges, Paris.

Plans et modèles de fours, tuile de montagne brevetée.

E. U. Paris, M. B.   .

Vassail (fils), à Carpentras (Vaucluse).

Couleurs pour céramique, minium.

Utzschneider et **Cie**, faïenceries de Sarreguemines et Digoin. Dépôt à Paris, 28, rue de Paradis, M. Jadelot, directeur.

Ateliers de décors et céramique d'architecture.

Verdier (Auguste), 96, rue Saint-Denis, Paris.

Terres cuites, porcelaines, faïences.

Viard (Mlle), directrice de l'École professionnelle catholique Sully, 143, rue Saint-Antoine.

Porcelaines et faïences décorées.

Villemot (Gualbert), 58, rue de Charenton, Paris.

Meubles de fantaisie avec application de céramique.

Vitry (Alphonse), 16, faubourg du Temple, Paris.

Couleurs fines.

Wahliss, à Vienne (Autriche).

Faïences d'art et fantaisie en porcelaines fines.

Dépôt à Paris, 4, rue du Paradis.

Hosiah Wedgwood et **Sons,** St-Andrew's Buildings. St-Andrew's Street Holborn Circus, Londres.

Vases et objets d'art en pierres diverses.

2e Section : VERRERIE ET CRISTALLERIE

Anglade, 55, boulevard Montparnasse, Paris.
Vitraux d'Eglise et d'appartement.
Paris, 1878, M. A.

Appert frères, 66, rue Notre-Dame-de-Nazareth, Paris.
Verres, émaux, cristaux.
Paris, 1878, ✳. — Vienne, 1873, dipl. de mérite. — Amsterdam, 1883, M. O.

Bardon (Georges), verrier, 21 *bis*, rue de Laval, Paris.
Deux panneaux en grisaille : Janvier et Février,
d'après les mois d'Estienne Delaulne.
Renaissance française.

Bastard (Édouard), 1, rue Houdon, Paris.
Vitraux d'église et d'appartement.

Bayle (Paul), 37, rue de Naples, Paris.
Verres de lampe, nouveau système.

Bégule (Lucien), 86, Montée de Choulans, à Lyon (Rhône)
Vitraux d'église et d'appartement.

Bernard frères, 9, rue Pierre-Levée, Paris.
Gravure sur cristaux.

Blot (Jules), 32, rue Bichat, Paris.
Cristaux décorés.

Bouché (Eugène), 105, avenue Parmentier, Pari
Miroirs, glaces, cadres.
U. C., 1876, M. H.

Buglet (Pierre-Joseph), 212, rue Saint-Maur, Paris.
Vitraux peints et émaillés.

Brocard (Philippe), 23, rue Bertrand, Paris.
Emailleur sur verre.
Vienne, 1873, Méd. de Progrès. — U. C., Méd. d'Or. —
E. U. 1878, 1re récompense.

Bunon (Maison), 18, rue Montmorency, Paris.
Bijouterie, pierres sardoine, etc.
U. C., 1880, M. B.

Carot (Henri), 41, rue Denfert-Rochereau, Paris.
Vitraux de monuments et d'appartements.

Carpentier (Eugène), 16 *bis*, rue Fontaine-Saint-Georges,
et 10, boulevard des Italiens.
Miroitier décorateur.
M. O. — Diplôme d'honneur. — Membre du jury.

Caumers (Paul), 93, rue de Turenne, Paris.
Lanternes de vestibule.
Nice, 1884, M. II.

Champigneulle (Ch.), 96, rue Notre-Dame-des-Champs, Paris.

Vitraux.

Amsterdam, 1883. M. O.

Anciens ateliers Maréchal et Champigneulle de Metz.

Maison Charles Champigneulle,
Veuve Charles Champigneulle, seul successeur.
Bar-le-Duc-Salvanges (Meuse).

Vitraux d'art, d'église et d'appartement.

Médailles d'or aux Beaux-Arts, Turin, Bruxelles.
Médaille d'or, Londres, 1862.
Grand prix d'honneur, Rome, 1870.

Couvreux (Eugène), 24, rue Beaubourg, Paris.

Gravure artistique sur verre.

Cristallerie de Sèvres (Seine-et-Oise), MM. Landier et Houdaille, dépôt à Paris, rue de Paradis, 24.

Torchère en cristal.

Paris. 1878, M. A.

Dupont (Mathieu), 92, faubourg du Temple, 5, passage Piver, Paris.

Couleurs vitrifiables.

Paris, 1867, M. 2e cl. — U. C., 1869, M. de B.

Espenel, 25, rue de l'Entrepôt, Paris.

Bijouterie et cristaux montés.

Fassi (Joseph), à Nice (Alpes-Maritimes).
Tableau céramique et vitrail.
Nice, 1884, hors concours.

Franquet (Charles), 23, boulevard Bonne-Nouvelle, Paris.
Verreries, cristal.

Gallé (Émile), 2, avenue de la Garenne, à Nancy ; et à Paris,
34, rue des Petites-Écuries.
Céramique et verrerie d'art.
Lyon, 1872, M. O. — Paris, 1878, 4 médailles dont 1 A.

Garnier (Henry), 230, boulevard d'Enfer, Paris.
Verrières religieuses, glaces.
Amsterdam, 1883, G. M. A.

Gilbert (Adolphe), 12, rue de Tlemcen, Paris.
Vitraux peints.

Goldstein (Herman), 71, rue du Faubourg-du-Temple,
Paris.
Verres d'optique, microscopiques, etc.

Guibert et fils et **Bobel**, 38, quai des Célestins, Paris.
Tuiles et carreaux en verre.

Guyennet (André), 299, rue Saint-Jacques, Paris.
Enseignes, écussons et panneaux transparents en verre.

Haillard (Ernest), 12, rue Ganneron, Paris. Peintre
verrier.
Vitraux d'appartements.

Hirsch (Emile), 26, rue Gauthey, Paris.
Vitraux historiques.
Paris, 1878, M. A.

Imberton, 19 et 21, rue Rochechouart, et 38, boulevard
des Italiens, Paris.
Emaux sur verre (art ancien).
Amsterdam, 1883, M. O. — Nice, 1884, M. O.

Jean (fils), 61, rue Dombasle, Paris.
Faïences, verreries artistiques et vitraux.

Kaleski, 14, rue des Petits-Carreaux, Paris.
Gravure sur cristaux.

Lacroix (Adolphe), 184 et 186, avenue Parmentier, Paris.
Couleurs vitrifiables.

Lafaye (Prosper), 1 *bis*, avenue des Tilleuls, Paris.
Vitraux d'appartements.
Paris, 1878, M. B. — Paris, 1849, M. A. — Londres, 1851,
1862 et 1874, M. B.

Lassalle (Jean), 14, avenue Parmentier, Paris.
Verres, tubes, glaces.

Latarget (Jules Auguste), 110, quai Jemmapes, Paris.
Glaces et miroirs de Venise.

Lavergne (Claudius et ses fils), 74, rue d'Assas, Paris.
Artistes peintres verriers.

La Visitation. vitrail destiné à l'église Saint-Etienne,
à Rennes (Ille-et-Vilaine).

Lebel (Charles), 7, passage du Buisson-Saint-Louis,
Paris.
Optique.
Nice, 1884, M. A.

Levens (Jean-Louis), 9, rue de l'Échelle, Paris.
Glaces artistiques; décorations en verres colorés.

Maës frères, cristallerie de Clichy.
Dépôt à Paris, 9, cour des Petites-Ecuries.

Cristaux minces et de fantaisie, services de table.
Montures en néoplastie brevetée.

Paris, 1867 et 1878, hors concours.
Amsterdam, 1883, diplôme d'honneur.

Magniadas (Gustave), à Bois-Colombes, 11, rue de la
Procession.

Vitraux d'art, portraits sur verre.

Morel-Deville, 6, rue de Mézières, Paris.
Etiquettes transparentes sur verre.
Paris, 1878, M. H. — U. C., 1882, M. B.

Nairn (Mme Franck), à Londres.
Echantillons de bijoux peints sur glace.

Nénitz (Henry-Bertrand), 28, boulevard Poissonnière, Paris.
Décorations sur verre.

Neiter et **Prestat**, 95, quai Valmy.
Glaces et Miroirs.

Parvillers (Théophile), 80, rue de Turenne, Paris.
Lampes porcelaine et bronze, lustres cristal et bronze.
Paris, 1878, M. A. — U. C., 1880, M. B.

Pataud (Édouard), 16, villa Monmory, à Vincennes.
*La Vitromanie. Imitation de vitraux anciens et modernes,
des plombs en relief et des soudures. Sujets, chiffres et
attributs.*

Pelé (Casimir), 14, rue des Archives, Paris.
Services de table.

Pelletier et **fils**, 176, boulevard Saint-Germain.
Vitres de couleur.
Paris, 1865, M. B. — Vienne, 1873, M. P. — Philadelphic,
Price Médal. — Paris, 1878, M. O. — Amsterdam, 1883,
M. O.

Picard (Charles-Gaston), 52, rue Réaumur.
Verrerie et céramique.

Pizzagalli, peintre verrier, 8, avenue des Ternes, Paris.
*Fenêtre appartenant à M. G. Thierry, fabricant de faïences
artistiques, 32, rue Paradis. Portrait de famille.
Fenêtre Renaissance : La Musique et la Sculpture, appartenant à M. Massé, architecte, 14, avenue d'Antin.*

Portal (Achille), 23, rue des Archives, Paris.
Verres de montres et de pendules, etc.
Paris, 1867, M. B. — Vienne, 1873, 2 M. B. — Paris, 1878,
M. B. — Nice, 1884, M. A.

Remlinger et **Vinet**, 4, rue des Archives, Paris.
Miroitiers.
18 récompenses dont 3 de l'Union Centrale.

Revon (Louis), 23, rue d'Hauteville, Paris.
Imitation de vitraux.

Reyen (Alphonse-Georges), 13, rue de Mulhouse, Paris.
Vitraux gravés sur émail.

Robcis (Gustave), 75, faubourg Saint-Antoine, Paris.
Glaces miroirs et glaces peintes.

Rousseau (Eugène), 41, rue Coquillière, Paris.
Porcelaines, faïences, cristaux.
U. C., 1876, M. O. — 1867, 1878, membre du Jury.

Rousseau et **C**ie, 18, rue de la Folie-Méricourt, Paris
Verres décorés.
Exposition d'électricité, 1881, M. A.

Sturm (Jean), 67, rue du Château-d'Eau, Paris.
Verres gravés.

Teissier et **Delmas**, 8, rue du Chalet, Paris.
Travail de verre, filtres.
Amsterdam, 1883, M. A. 1ʳᵉ classe.

Thomas (Eugène), 56, rue Turbigo, Paris.
Bijouterie de deuil en verre noir..
Amsterdam, 1883, M. B.

Van Drooghenbroeck, 9, rue Geoffroy-Marie.
Lettres en verre.

Werner (Édouard), 62, rue Richelieu, Paris.
Miroirs flamands modernes.

3ᵉ Section : ÉMAUX

Bédier (François), 1, Grande-Rue, Sèvres.
Émailleur.

Bocquillon, émailleur, 62, rue Beaubourg, Paris.
Emaux pour bijouterie.
Amsterdam, 1883, M. B.

Colvis (Mˡˡᵉ Marie), 48, rue Lafayette, Paris.
Émaux artistiques.

Droni, émailleur, 36, rue Montmorency, Paris.
Emaux pour bijouterie.

Dupont (Mlle Julie), 5. rue Pirouette, Paris.
Artiste peintre céramiste. — Porcelaines, faïences,
émaux peints.

Troisième mention. Concours du Grand prix de voyage
U. C,. 1880.

Evette (Maurice), 14, boulevard Montmartre, Paris.
Éventails monture émaillée.

Gillet, 9, rue Fénelon, Paris,
Lave émaillée et reconstituée, brevetée S. G. D. G.
Produits français absolument inaltérables pour la déco-
ration architecturale.
Céramique d'art.
Modèles exclusifs.

Londres, 1871. — Paris, 1875. — 1878, M. O.

Guilbert-Martin (Auguste), 275, avenue de Paris,
Saint-Denis.
Mosaïques en émail.

Paris, 1878, M. O.

Houillon et **Tourrette,** émailleurs, 53, rue Grenéta,
Paris.
Emaux à cloisons rapportées. Emaux de basse taille
et Emaux à jour.

E. U. 1878, M. A. — Exposition des arts appliqués à l'industrie.

Imberton, 20, rue Rochechouart, Paris.
Émaux sur verre.
Amsterdam, 1833, M. O. — Nice, 1884, M. O.

Jean (Charles), 17, rue du Cygne, Paris.
Émaux sur métal.
Paris, 1872, M. A. — U. C., 1880, M. A. — Bruxelles, 1881, M. O. — Amsterdam, 1883, M. O. — Nice, 1884, Dipl. D'hon.

Kaqueler, 64, faubourg Saint-Martin, Paris.
Petits objets de fantaisie émaillés.

Lacroix (Adolphe), 184 et 186, avenue Parmentier, Paris.
Couleurs vitrifiables.

Ladurantie, 101 bis, boulevard de La Villette, Paris.
Émaux sur verre.

Meyer (Alfred), boulevard de Strasbourg, à Nogent-sur-Marne.
Émaux genre Limoges.
Paris, 1867, M. B. — Paris, 1878, M. A. — U. C., 1876, M. A. — U. C., 1880, M. O.

Millet fils (Joseph-Marie), 26, rue de Saintonge, Paris.
Porcelaines montées. — Émaux peints. — Émaux cloisonnés.

D'Ollendon (Mme), 3, rue de Grenelle.
Émaux artistiques.

Paris, 47, rue Paradis, Paris.
Cristaux, mosaïques, émaux.

Ravenet, 28, quai de Passy, Paris.
Fabricant de peignes émaillés.
Paris, 1867, M. H. — U. C., 1874, M. B. — U. C., 1876.
Rappel. — U. C., 1880, M. A.

Ravenet (Charles), 107, rue de Turenne.
Emaux cloisonnés.
Paris, 1878, M. B.

Romme (Mᴵˡᵉ Charlotte), 27, rue d'Anjou, Paris.
Émaux limousins.

Sieffert (Eugène), 36, rue de Brancas, à Sèvres; et à Paris, 18, rue Oberkampf.
Émaux de Limoges.
U. C., 1874, M. 1ʳᵉ cl. — U. C., 1880, M. 1ʳᵉ cl.

Soyer (Paul), 4, bis, rue Saint-Sauveur, Paris.
Peintre émailleur.
U. C., 1874, M. A. — 1876, M. A. — Paris, 1878, M. O. — Amsterdam, M. O. et Diplôme d'Honneur.

Warmont (Arthur-Charles), 22, galerie d'Orléans, Paris.
Plats en fonte émaillée et décorée.

4ᵉ Section : MOSAIQUE

Charnoz et Ce, à Paray-le-Monial (Saône-et-Loire).
Carrelages céramiques.

Cook (Joseph), 36, rue des Petites-Écuries, Paris.
Bijouterie, émail et mosaïque.

Facchina (Jean-Dominique), 2 *bis*, rue Legendre, Paris.
Mosaïque décorative, émail et marbre.
Paris, 1878, M. O. — Amsterdam, 1883, M. O. et Diplôme d'Honneur.

Guilbert-Martin (Auguste), 275, avenue de Paris, à Saint-Denis.
Mosaïque et émail.
Paris, 1878, M. O.

Lacroix (Adolophe), 184 et 186, avenue Parmentier, Paris.
Couleurs vitrifiables.

5ᵉ Section : DESSINS ET MODÈLES

Bourry (Charles-Emile), ingénieur, 80. rue Taitbout, Paris.
Livres et brochures concernant la céramique.

Delagrave (Charles), 15, rue Soufflot, Paris.
Libraire-éditeur, ouvrages sur la céramique, les émaux, etc.

Firmin-Didot, 56, rue Jacob, Paris.
Publications ayant trait à l'architecture et à la céramique.

Martin-Boursin, 45-46, galerie Vivienne, Paris.
Ouvrages sur la céramique et la verrerie.
U. C., 1882, M. H.

———

6ᵉ Section : APPLICATION DE LA PHOTOGRAPHIE

Charrier (Maxime), 19, rue du Caire, Paris.
Émaux photographiques.
Lyon, 1872, M. H.

Gordes (Auguste). 53, rue Condorcet, Paris.

*Applications de la photographie à la décoration
de la céramique.*

U. C., 1882, M. H. — 1878, Paris, M. B.

Larger (Louis, de Colmar), 13, rue Chapon, Paris.

Photographies sur soie, verre et faïence.

Pirou (Eugène), 5, boulevard Saint-Germain.

Photographies sur verre opale.

U. C., 1882, M. B. — 1884, Nice, M. O.

Védrine (Louis), 10, place de la Bastille.

*Reproduction de portraits d'après photographies, de gra-
vures, de lithographies et de tableaux sur porcelaine et
faïence. Plaques pour tableaux ou monuments, assiettes,
vases, plats de toute espèce de formes, etc.*

TABLE ALPHABÉTIQUE

DES

NOMS DES EXPOSANTS

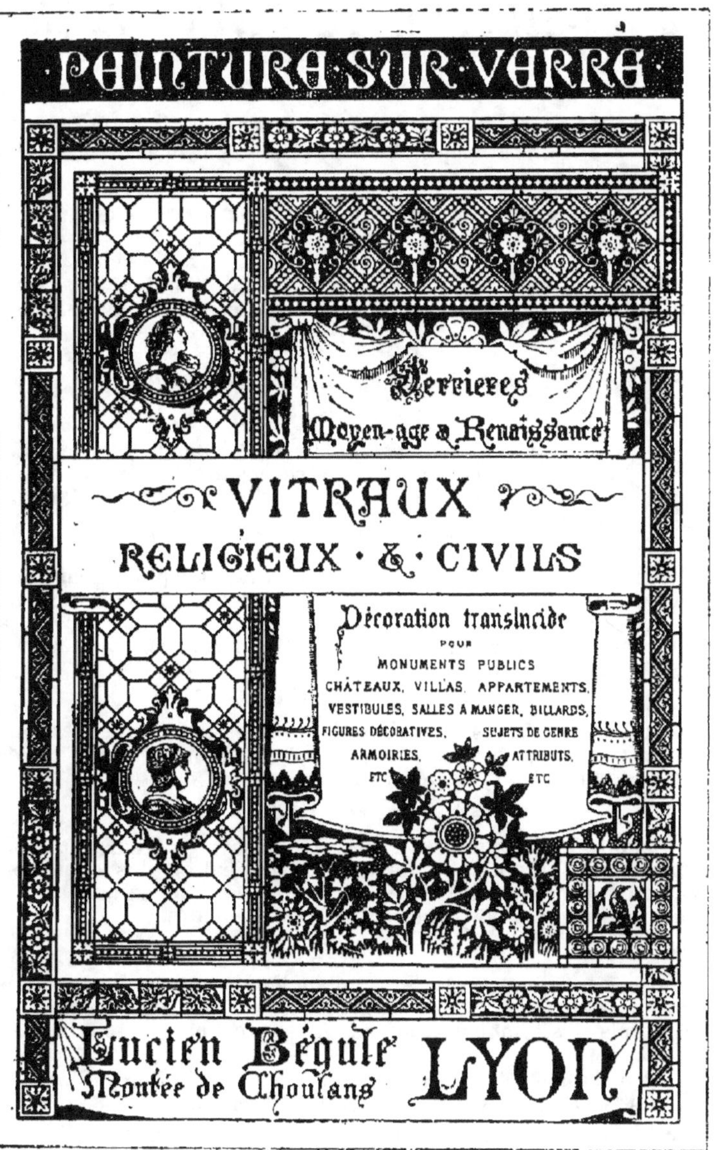

PEINTURE SUR VERRE
Verrieres
Moyen-age & Renaissance
VITRAUX
RELIGIEUX · & · CIVILS
Décoration translucide
POUR
MONUMENTS PUBLICS
CHÂTEAUX, VILLAS, APPARTEMENTS,
VESTIBULES, SALLES A MANGER, BILLARDS,
FIGURES DÉCORATIVES, SUJETS DE GENRE
ARMOIRIES, ATTRIBUTS,
ETC ETC
Lucien Bégule
Montée de Choulans LYON

LA BASILIQUE DE SAINT-MARC

A VENISE

Étudiée au point de vue de l'Art et de l'Histoire

PAR UNE RÉUNION D'ÉCRIVAINS VÉNITIENS

Édition unique, 500 exemplaires numérotés

PLAN GÉNÉRAL DE L'OUVRAGE

TEXTE

Histoire et description de la Basilique de Saint-Marc. Texte italien, français et anglais par M. le professeur Camille Boito.

PLANCHES

Six-cent cinquante planches en *cinq portefeuilles* :

1er Portefeuille

Vingt-cinq planches, savoir : Dix-huit planches grand in-folio, donnant des coupes géométriques de l'intérieur et de l'extérieur de la Basilique ; Sept planches avec des détails de l'ancien pavé.

2e Portefeuille

Soixante-et-une planches en chromolithographie, grand-in-folio, savoir : Vingt-et-une planches représentant l'ensemble de la façade ; Vingt-quatre planches représentant la façade à différentes époques, des vues de l'intérieur, les plus belles mosaïques, etc., etc.

3e Portefeuille

Cent-dix planches grand in-4 donnant les détails des mosaïques non réprésentées ci-dessus, notamment toutes celles qui se trouvent à l'intérieur, au plafond des arcades.

4e Portefeuille

Soixante-huit planches grand in-4, savoir : Quarante-trois donnant des détails du pavé, avec indication des couleurs ; Vingt-cinq reproduisant la décoration en mosaïque de la voûte, également avec indication des couleurs.

5e Portefeuille

Trois-cent quatre-vingt-une planches grand in-4, reproduisant tous les détails de sculpture de l'église, les ornements, les autels, les tombeaux, les parapets etc., etc.

Son prix sera de **1838 francs**. Sa publication périodique aura lieu par livraisons et devra être terminée en 1885.

La Table des Planches contenues dans les cinq Portefeuilles de l'ouvrage sera remise gratuitement à qui en fera la demande.

Venis , 188

FERDINAND ONGANIA,
Éditeur,

Marbrerie, Sculpture

Paris. — Imprimeries réunies C, rue du Four, 54 bis. — 0000

www.ingramcontent.com/pod-product-compliance
Lightning Source LLC
LaVergne TN
LVHW011447180726
843503LV00004BA/1729